GONGYE FENXI
工业分析

袁竹连　编著

化学工业出版社

·北京·

内容简介

全书主要介绍工业分析的特点、工业分析的对象、工业分析项目的测定原理、工业分析基本方法和一般工业分析项目，涉及试样的采集与制备、水质分析技术、煤质分析技术、气体分析技术、化工生产分析技术、农药产品分析技术、白酒成品分析技术、石油产品分析技术、涂料产品分析技术。全书突出实际技能训练与操作，附有大量实际分析案例，内容结构清晰，由浅到深逐步深入，语言文字简练，容易理解，实用性强。

本书可供从事工业分析的人员和化工类相关专业师生参考。

图书在版编目（CIP）数据

工业分析/袁竹连编著. —北京：化学工业出版社，2022.8

ISBN 978-7-122-41271-3

Ⅰ.①工… Ⅱ.①袁… Ⅲ.①工业分析-教材 Ⅳ.①TB4

中国版本图书馆 CIP 数据核字（2022）第 067909 号

责任编辑：彭爱铭　　　　　　　　文字编辑：姚子丽　师明远
责任校对：边　涛　　　　　　　　装帧设计：韩　飞

出版发行：化学工业出版社（北京市东城区青年湖南街13号　邮政编码100011）
印　　装：北京科印技术咨询服务有限公司数码印刷分部
710mm×1000mm　1/16　印张10½　字数185千字　2022年8月北京第1版第1次印刷

购书咨询：010-64518888　　　　　　售后服务：010-64518899
网　　址：http://www.cip.com.cn
凡购买本书，如有缺损质量问题，本社销售中心负责调换。

定　　价：68.00元　　　　　　　　　　　　　　　　　版权所有　违者必究

前 言

工业分析是根据高等理工类院校化学与化工类专业的特点开设的一门专业课，是在学习了分析化学和仪器分析以后开设的，是分析化学和仪器分析理论在工业生产中对原材料、半成品及产品的质量进行分析测定的具体应用，这也是国民经济的许多部门不可或缺的生产检验手段。工业分析技术作为一门专业性较强的课程，在教材的编写方面要注重知识的应用与能力的培养，用理论指导实践，让实践深化理论，把工业分析理论知识和工业分析技术有机地融合在一起，实现现代工业分析的过程。

本教材立足于课程的整体性和实用性，以产学结合、校企合作为主，以培养学生实际动手能力为目标，按照理论与实践的教学思路对工业分析技术进行全面论述，涉及水质、煤炭、气体、化工生产和工业实用等领域。全书突出实际技能训练与操作，案例分析具有典型性、实用性，且由易到难，适合学生的学习进度。

在本教材的编写过程中，知识点的选择是有针对性的，适合学生的学习进程。教材内容方面结构清晰，理论与实践结合，语言文字简练，也符合课程标准的要求，能够明确教学目标，对学生有较大的启发与指导意义。

全书共分七章，第一章的绪论与第二章的试样的采集与制备是基础理论的介绍，从第三章到第七章，分别对水质分析、煤质分析、气体分析、化工生产分析、农药产品分析、白酒产品分析、石油产品分析、涂料产品分析进行介绍与讨论。

在编写本教材的过程中，除了参考相关的文献资料，还得到了许多专家学者的帮助指导，在此表示真诚的感谢。因作者水平有限，书中仍难免有疏漏之处，希望同行学者和广大读者予以批评指正，以求进一步完善。

作者

2021 年 12 月

目 录

第一章 绪论 　001

第一节　工业分析相关概念 …… 001
第二节　工业分析的特点与方法 …… 002
一、工业分析的特点 …… 002
二、工业分析的方法 …… 002
第三节　允许误差与标准物质 …… 006
一、允许误差 …… 006
二、标准物质 …… 006
第四节　熟悉工业分析工作任务 …… 008
一、熟悉工作任务 …… 008
二、工业分析的任务和作用 …… 009
三、分析工岗位职责和安全规程 …… 009

第二章 试样的采集与制备 　011

第一节　采样的基本知识 …… 011
一、采样中几个常用的名词术语 …… 012
二、试样采集的原则 …… 012
第二节　固体试样的采集 …… 013
一、物料流中采样 …… 014
二、运输工具中采样 …… 014
三、物料堆中采样 …… 015
四、各种不同包装中采样 …… 016
第三节　液体试样的采集 …… 016
一、流动着的液体采样 …… 016
二、贮罐（瓶）中采样 …… 016

  三、废水采样 ……………………………… 018
  四、江、河水系采样 …………………… 018
 第四节 气体试样的采集 ……………………… 020
 第五节 物料试样的制备 ……………………… 022
  一、破碎 …………………………………… 022
  二、过筛 …………………………………… 023
  三、混匀 …………………………………… 023
  四、缩分 …………………………………… 024

第三章 水质分析 026

 第一节 水质分析概述 ………………………… 026
  一、水中的杂质与水质 …………………… 026
  二、水中杂质的危害 ……………………… 026
  三、水质分析指标与标准 ………………… 029
  四、水质分析方法 ………………………… 030
 第二节 水样的采集与保存 ………………… 030
  一、水样的采集 …………………………… 031
  二、水样的保存 …………………………… 034
 第三节 水样的测定 …………………………… 036
  一、水的物理指标的测定 ………………… 036
  二、金属化合物的测定 …………………… 042
  三、非金属无机物的测定 ………………… 047
  四、有机化合物的测定 …………………… 050

第四章 煤质分析 057

 第一节 煤的工业分析 ……………………… 057
  一、煤的组成与分类 ……………………… 057
  二、煤的分析项目 ………………………… 060
  三、煤的具体工业分析 …………………… 061
 第二节 煤中的全硫测定 ……………………… 068
  一、艾士卡测定方法 ……………………… 069
  二、库仑滴定法 …………………………… 072
  三、高温燃烧-酸碱滴定法 ……………… 074

第三节　煤发热量的测定 ………………………… 074
　一、煤发热量的表示方法 ……………………… 075
　二、煤发热量的测定方法——氧弹式热量
　　　计法 ………………………………………… 075
　三、煤发热量的计算方法 ……………………… 081

第五章　气体分析　　　　　　　　　082

第一节　气体化学分析 …………………………… 082
　一、工业气体概述 ……………………………… 082
　二、气体试样采取 ……………………………… 083
　三、吸收法 ……………………………………… 086
　四、燃烧法 ……………………………………… 089
第二节　大气污染物分析 ………………………… 093
　一、大气污染物样品的采集 …………………… 093
　二、大气污染物的测定 ………………………… 096

第六章　化工生产分析　　　　　　　099

第一节　化工生产概述 …………………………… 099
　一、原料分析 …………………………………… 099
　二、中间控制分析 ……………………………… 099
　三、产品质量分析 ……………………………… 100
第二节　工业硫酸生产分析 ……………………… 100
　一、硫酸生产工艺 ……………………………… 100
　二、原料矿石和炉渣中硫的测定 ……………… 101
　三、生产过程中二氧化硫和三氧化硫的测定 … 102
　四、产品硫酸的分析 …………………………… 106
第三节　工业冰醋酸生产分析 …………………… 113
　一、工业冰醋酸生产工艺 ……………………… 113
　二、产品冰醋酸的分析 ………………………… 115
第四节　工业烧碱生产分析 ……………………… 119
　一、工业烧碱的生产工艺 ……………………… 119
　二、氯气的分析 ………………………………… 120
　三、产品分析 …………………………………… 121

第五节　工业乙酸乙酯生产分析 ················ 122
　一、乙酸乙酯的生产工艺 ······················ 122
　二、产品分析 ······································ 123

第七章　工业实用领域分析　126

第一节　农药产品分析 ································ 126
　一、农药的基本知识 ···························· 126
　二、农药分析内容 ······························· 127
　三、农药试样的采取和制备 ···················· 128
　四、杀虫剂分析 ·································· 129
　五、杀菌剂分析 ·································· 131

第二节　白酒产品分析 ································ 134
　一、DNP柱测定白酒中醇、酯等组分 ········ 134
　二、酸分析 ··· 136

第三节　石油产品分析 ································ 137
　一、石油产品分析概述 ·························· 137
　二、柴油产品的分析 ···························· 146

第四节　涂料产品分析 ································ 149
　一、涂料的分类及其标准 ······················ 149
　二、涂料产品的取样 ···························· 150
　三、涂料成分分析 ······························· 154

参考文献　159

第一章

绪 论

工业分析是一项实践性很强的专业课程,本章是对工业分析检验等内容最基本的认识,以及一些相关概念的学习。

第一节　工业分析相关概念

工业分析简单地说是应用于工业生产方面的分析,即化学分析和仪器分析在工业生产上的具体应用,是一门实践性、实用性较强的课程。在工业生产中,从资源开发利用、原材料的选择、生产过程的控制、产品的质量检验到"三废"治理和环境监测等一系列分析测定过程都属于工业分析技术的内容。

工业分析的任务是客观、准确地测定工业生产的原料、中间产品、最终产品、副产品以及生产过程中产生的各种废物(包括气体、液体和固体)的化学组成及其含量,对生产环境进行监测,及时发现问题,减少废品,提高产品质量,提高企业的经济效益等。因此,工业分析技术有指导和促进生产的作用,是国民经济许多生产部门中不可缺少的一种专门技术,被誉为工业生产的"眼睛",在工业生产中起着"把关"的作用。

随着科学技术的不断发展、分析手段的不断更新、分析仪器的发展升级与普及,工业分析的方法也在不断地变化和发展。分析自动化程度越来越高,各种参数的自动连续测定,以及以仪器分析为主要手段的测试方法广泛应用于工业分析中。各种专用分析仪器的出现使一些原本比较复杂的分析操作变得更为简便。近年来,激光技术、电子计算机技术等高新技术应用于工业分析中,使分析过程的自动化、智能化程度普遍提高。未来工业分析将向高效、快速、智能的方向发展。

工业部门是一个广阔的领域，分析内容十分广泛。随着生产领域的扩展，工业分析作为一种基础性的应用技术，其涉及的领域也在迅速扩展。除了传统工业外，正逐渐在生物工程、新材料、新能源、环境工程等新兴产业中发挥着重要的作用。

第二节　工业分析的特点与方法

一、工业分析的特点

工业分析的对象多种多样，分析对象不同，对分析的要求也不相同。一般来说，在符合生产和科研所需准确度的前提下，分析快速、测定简便及易于重复是对工业分析技术的普遍要求。

工业生产和工业产品的性质决定了工业分析技术的特点。

① 分析对象数量大。工业生产中原料、产品的量是很大的，往往以千吨、万吨计，其组成很不均匀，但在进行分析时却只能测定其中很少的一部分，因此，正确采取能够代表全部物料的平均组成的少量样品，是工业分析的重要环节，也是获得准确分析结果的先决条件。

② 分析对象状态多样。分析中的反应一般在溶液中进行，但有些物料却不易溶解，需要采用熔融或烧结的方法来制备分析溶液。由于对试样处理的成功与否将直接影响分析结果，因此，在工业分析中，应根据测定样品的性质，选择适当的方法来分解试样。

③ 分析对象组成复杂。工业物料的组成是比较复杂的，共存的物质对待测组分会产生干扰，因此，在研究和选择工业分析方法时，必须考虑共存组分的影响，并且采取相应的措施消除干扰。

④ 分析要求快速准确。工业分析技术的一个重要作用是指导和控制生产的正常进行，因此，必须快速、准确得到分析结果，在符合生产要求的准确度的前提条件下，提高分析效率也很重要，有时不一定要达到分析方法所能达到的最高准确度。

二、工业分析的方法

1. 工业分析的方法分类

工业分析对象广泛，各种分析对象的分析项目及测定要求也多种多样，因此工业分析技术中所涉及的分析方法,依其原理、作用的不同,有不同的分类方法。

按方法原理分类,可分为化学分析法、物理分析法和物理化学分析法;按分析任务分类,可分为定性分析、定量分析和结构分析、表面分析、形态分析等;按分析对象分类,可分为无机分析和有机分析;按试剂用量及操作规模分类,可分为常量分析、半微量分析、微量分析、超微量分析、痕量分析和超痕量分析;按分析要求分类,可分为例行分析和仲裁分析;按完成任务的时间和所起作用的不同分类,可分为快速分析法和标准分析法;按照分析测试程序的不同,可分为离线分析和在线分析。以下就快速分析法和标准分析法作简单介绍。

(1) 快速分析法 主要用于控制生产工艺过程中最关键的阶段,要求能迅速得到分析结果,而准确度则允许在符合生产要求的限度内适当降低,此法多用于车间生产控制分析。

(2) 标准分析法 标准分析法用来测定生产原料及产品的化学组成,并以此作为工艺计算、财务核算和评定产品质量的依据。标准分析法是由国务院标准化行政主管部门制定或有备案的方法,具有法律效力。它准确度较高,完成分析的时间较长,是从事科研、生产、经营的单位和个人必须严格执行的。标准分析法也可用于验证分析和仲裁分析。

根据标准协调统一的范围及适用范围的不同可分为以下六类。

① 国际标准。国际标准由共同利益国家间合作与协商制定,是为大多数国家所承认的,具有先进水平的标准。如国际标准化组织(ISO)所制定的标准及其所公布的其他国际组织(如国际计量局)制定的标准。

② 区域标准。区域标准是局限在几个国家和地区组成的集团使用的标准。如欧盟制定和使用的标准。

③ 国家标准。《中华人民共和国标准化法》将我国标准分为国家标准、行业标准、地方标准、企业标准四级。国家标准是指在全国范围内使用的标准。对需要在全国范围内统一的技术要求,应当制定成国家标准。我国的国家标准由国务院标准化行政主管部门编制计划,组织草拟,统一审批、编号和发布,以保证国家标准的科学性、权威性和统一性。国家标准分为强制性国家标准和推荐性国家标准。

强制性国家标准的代号为"GB"("国标"汉语拼音的第一个字母);推荐性国家标准的代号为"GB/T"("T"为"推"的汉语拼音的第一个字母)。

国家标准的编号由国家标准的代号、国家标准发布的顺序号和审批年号构成。审批年号为四位数字,当审批年号后有括号时,括号内的数字为该标准进行重新确认的年号。

强制性国家标准的编号可表示为：

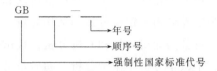

例如，GB 210—2004 为中华人民共和国强制性国家标准第 210 号，2004 年批准。

推荐性国家标准的编号可表示为：

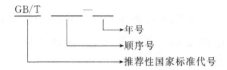

例如，GB/T 269—1991 为中华人民共和国推荐性国家标准第 269 号，1991 年批准。

④ 行业标准。行业标准是全国性的各行业范围内统一的标准。对没有国家标准而又需要在全国某个行业范围内统一的技术要求，可以制定成行业标准。我国的行业标准由国务院有关行政主管部门制定实施，并报国务院标准化行政主管部门备案，是专业性较强的标准。行业标准可分为强制性行业标准和推荐性行业标准。国家标准是国家标准体系的主体，在相应的国家标准实施后该项行业标准即行废止。

各行业标准代号由国务院标准化行政管理部门规定了 28 个，如化工行业标准代号为 HG；冶金行业标准代号为 YB。其表示方法类似国家标准。

⑤ 地方标准。对没有国家标准和行业标准而又需要在某个省、自治区、直辖市范围内统一要求所制定的标准。地方标准由省、自治区、直辖市标准化行政主管部门统一编制计划、组织制定、审批、编号和发布，并报国务院标准化行政主管部门备案。在国家标准或行业标准实施后，该项地方标准即行废止。地方标准也可分为强制性地方标准和推荐性地方标准。

强制性地方标准的代号由汉语拼音字母"DB"加上省、自治区、直辖市行政区划代码前两位加斜线组成，再加"T"后，则组成推荐性地方标准代号。例如，安徽省行政区划代码为 340000，安徽省强制性地方标准代号为 DB34，其推荐性地方标准代号为 DB34/T。

⑥ 企业标准。企业标准是指由企业制定的对企业范围内需要协调、统一的技术要求、管理要求和工作要求所制定的标准。企业标准是企业组织生产经

营活动的依据。企业标准由企业制定,由企业法人代表或法人代表授权的主管领导批准、发布,由法人代表授权的部门统一管理。

国家标准、行业标准和地方标准中的强制性标准,企业必须严格执行。推荐性标准企业一经采用也就具有了强制的性质,应严格执行。

企业标准的代号由企业标准代号 Q 加斜线,再加企业代号组成,企业标准的编号由该企业的企业标准代号、顺序号和年号三部分组成。

2. 工业分析技术方法的选择

在实际工作中,分析检验的任务多种多样,进行某一成分或对象分析时,往往有多种测定方法可供选择,为了合理选择测定方法,以获得可靠的分析结果,在分析方法的选择上主要考虑以下几个因素。

(1) 分析样品的性质及待测组分的含量　分析样品的性质不同,其组成、结构和状态不同,试样的预处理方法也不同。样品中待测组分的含量范围不同,而每种分析方法都只适用于一定的测定对象和一定的含量范围,分析方法也应不同。例如,对于含量为 $10^{-2} \sim 10^{0}$ 级的样品,可用重量法、滴定法、X 射线荧光分析法等,而含量为 10^{-3} 级及更低级别的样品,则宜用分光光度法及其他较灵敏的仪器分析方法。

(2) 共存物质的情况　工业物料一般都很复杂,故选择分析方法时,必须考虑共存组分对测定的干扰。例如,用配位滴定法测定 Bi^{3+}、Fe^{3+}、Al^{3+}、Zn^{2+}、Pb^{2+} 混合物中的 Pb^{2+} 时,共存离子都能与 EDTA 配位而干扰 Pb^{2+} 的测定。若用原子吸收光谱法,则一般元素如 Fe、Zn、Pb、Al、Co、Ni、Ca、Mg 等均不相互干扰。当没有合适的直接测定方法时,可通过改变测定条件、加入适当的掩蔽剂或进行分离等方法,消除各种干扰后再进行测定。

(3) 分析的目的和要求　分析的目的不同,对分析结果的要求不同,选择的分析方法也应不同。测定的要求主要包括需要测定组分的准确度和完成时间等。对于矿石样品分析、工业产品质量检定以及仲裁或校核分析,宜用准确度较高的标准分析方法,对于地质普查找矿中的野外分析、生产工艺过程中的控制分析,则宜选择快速的分析方法。

(4) 实验室的实际条件　选择测定方法时,还需考虑实验室现有仪器的种类、精密度和灵敏度,所需试剂和水的纯度,以及实验室的温度、湿度和防尘等条件是否满足测定的要求。

(5) 环境保护　从环境保护方面考虑,应尽量选择不使用或少使用有毒有害的试剂、不生产或少生产有毒有害物质而符合环境要求的方法。

总之,一种理想的分析方法应是灵敏度和准确度高、检出限低、操作简便快速。但在实际中,一种测定方法很难同时满足所有测定条件,即不存在适用于任何试样、任何组分的测定方法。因此,应综合考虑各种因素,选择适宜的分析方法,以满足测定的要求。

第三节　允许误差与标准物质

一、允许误差

允许误差又称公差,允许误差是指某一分析方法所允许的平行测定值间的绝对偏差,或者说是指按此方法进行多次测定所得的一系列数据中最大值与最小值的允许界限,即极差。它是主管部门为了控制分析精确度而规定的依据。标准分析法都注有允许误差(或允许差),允许误差是根据特定的分析方法统计出来的,它仅反映本方法的精确度,而不适用于另一种方法。一般工业分析只做两次平行测定,若两次平行测定的绝对偏差超出允许差,称为超差,则必须重新测定。允许误差分为室内允许差和室间允许差两种。

室内允许差指在同一实验室内,用同一种分析方法,对同一试样,独立地进行两次分析,所得两次分析结果之间在 95% 置信度下可允许的最大差值。如果两个分析结果之差的绝对值不超过相应的允许误差,则认为室内的分析精度达到了要求,可取两个分析结果的平均值报出,否则,即为超差,认为其中至少有一个分析结果不准确。

例如,氯化铵质量法测定水泥熟料中的 SiO_2 含量,国家标准规定 SiO_2 允许差范围为 0~0.15%,若实际测得的数值为 23.56% 和 23.34%,其差值为 0.22%,必须重新测定。如果再测得数据为 23.48%,与 23.56% 的差值为 0.08%,小于最大允许误差,则测得的数据有效,可以取其平均值 23.52% 作为测定结果。

室间允许差指两个实验室采用同一种分析方法,对同一试样各自独立地进行分析时,所得两个平均值之间在 95% 置信度下可允许的最大差值。两个结果的平均值之差符合允许差规定,则认为两个实验室的分析精确度达到了要求,否则就叫作超差,认为其中至少有一个平均值不准确。

二、标准物质

在工业分析中常常使用标准物质。标准物质是具有一种或多种足够均匀和确定的特性值,用以校准设备、评价测量方法或给材料赋值的材料或物质。用于统一量值的标准物质，包括化学成分分析标准物质、物理特性与物理化学特性测量标准物质和工程技术特性测量标准物质。

标准物质是一种计量标准，都附有标准物质证书，规定了对某一种或多种特性值可溯源的确定程序，对每一个标准值都有确定的置信水平的不确定度。工业分析中使用标准物质的目的是：检查分析结果正确与否，标定各种标准溶液的浓度，作为基准试剂直接配制标准溶液等，借以检查和改进分析方法。

在工业分析中由于试样组成的广泛性和复杂性，以及分析方法不同程度地存在系统误差，因此依据基准试剂确定的标准溶液的浓度不能准确反映被测试样的组分含量，必须使用标准试样来标定标准溶液的浓度。对于不同类型的物质，应选用同类型的标准试样，并要求在选用标准试样时使其组成、结构等与被测试样相近。例如，冶金行业中的标准钢铁试样，有普碳钢标准试样、合金钢标准试样、纯铁标准试样、铸铁标准试样等，并根据其中组分的含量不同可分成一组多品种的标准试样。例如，在测定普碳钢试样中某组分时，不能使用合金钢标准试样作对照。此外在选择同类型的标准试样时，也应注意该组分的含量范围，所测试样中某组分的含量应与标准试样中该组分的含量相近，这样分析结果将不因组成和结构等因素而产生误差。

我国将标准物质分为一级标准物质和二级标准物质。

一级标准物质（GBW）：是用绝对测量方法或其他准确、可靠方法测量其特性值，测量准确度达到国内最高水平的有证标准物质，主要用于研究与评价标准方法及对二级标准物质定值。

一级标准物质的编号是以标准物质代号"GBW"冠于编号前部，编号的前两位数是标准物质的大类号，第三位数是标准物质的小类号，最后两位是顺序号。生产批号用英文小写字母表示，排于标准物质编号的最后一位。

二级标准物质［GBW(E)］：是用准确可靠的方法，或用直接与一级标准物质相比较的方法定值的物质，也称工作标准物质。主要用于评价分析方法及同一实验室或不同实验室间的质量保证。

二级标准物质的编号是以二级标准物质代号"GBW（E）"冠于编号前部，编号的前两位数是标准物质的大类号，后四位数为顺序号，生产批号用英文小写字母表示，排于编号的最后一位。

标准物质的种类很多，涉及面很广，按行业特征可分为13类，见表1-1。

表 1-1 标准物质分类

序号	类别	一级标准物质数	二级标准物质数
1	钢铁	258	142
2	有色金属	165	11

续表

序号	类别	一级标准物质数	二级标准物质数
3	建材	35	2
4	核材料	135	11
5	高分子材料	2	3
6	化工产品	31	369
7	地质	238	66
8	环境	146	537
9	临床化学与药品	40	24
10	食品	9	11
11	煤炭、石油	26	18
12	工程	8	20
13	物理	75	208
合计		1168	1422

第四节 熟悉工业分析工作任务

一、熟悉工作任务

1. 原料分析

这里主要列举工业用水和煤炭,其中水分析项目见表 1-2,煤炭分析项目见表 1-3。

表 1-2 水分析项目

水的分析项目	数值	水的分析项目	数值
pH 值	7.5	氯化物/$mg \cdot L^{-1}$	250
硬度(以碳酸钙计)/$mg \cdot L^{-1}$	300	铁含量/$mg \cdot L^{-1}$	0.15
溶解氧(DO)/$mg \cdot L^{-1}$	7.5	化学需氧量(COD)/$mg \cdot L^{-1}$	35

表 1-3 煤炭分析项目

煤的分析项目	含量	煤的分析项目	含量
水分/%	7.5	固定碳/%	≤62.5
灰分/%	15	含硫量/%	1.5
挥发分/%	15	发热量/$kJ \cdot g^{-1}$	25

2. 工业产品分析

工业产品的分析以煤气和无水碳酸钠为例。煤气的分析项目及检测结果,见表 1-4。

表 1-4 煤气的分析项目

煤气的分析项目(体积分数)	含量	煤气的分析项目(体积分数)	含量
CO_2/%	1.6	CH_4/%	43.0
C_nH_m/%	4.2	H_2/%	41.4
O_2/%	0.5	N_2/%	1.1
CO/%	8.2		

无水碳酸钠的分析项目及检测结果，见表 1-5。

表 1-5 无水碳酸钠的分析项目

分析项目	含量	分析项目	含量
Na_2CO_3/%	99.8	总氮量/%	0.001
氯化物/%	0.002	镁/%	0.005
硫化合物/%	0.0005	铁/%	0.0005

二、工业分析的任务和作用

将分析化学的有关理论应用于工业生产领域的各种物料时，就形成了一门重要的、实践性很强的专业课——工业分析。

工业分析是研究各种物料组成的测定方法及有关理论的一门科学，即利用化学分析和仪器分析等方法和手段，解决工业生产中遇到的原料、辅助材料、中间产品、最终产品、副产品以及废物等的组成和含量的分析方法。

在工业生产中，从资源开发利用、原材料的选择、生产过程的控制、产品的质量检验到"三废"治理和环境监测等一系列分析测定过程全部属于工业分析的内容。

通过工业分析能评定原料和产品的质量，检验工艺过程是否正常，从而及时正确地指导生产，经济合理地使用原料燃料，及时发现并消除生产缺陷，减少废品，提高产品质量。因此，工业分析起着指导和促进生产的作用，是国民经济的许多生产部门中不可缺少的生产检验手段。

三、分析工岗位职责和安全规程

1. 中心化验室中控分析工岗位职责

① 执行组长的工作安排和布置的生产任务，认真做好分析测定工作。

② 及时出具分析报告，做到分析数据齐全、准确、无误，报表清洁整齐。

③ 采样分析工作按照车间各工段生产需要，做到定时检查和生产需要相结合，起到指导生产、调整工艺的有效作用。

④ 分析结果发生异常时，要及时进行核对，同时和操作人员联系，积极配合共同找出原因，确保分析数据的可靠性。

⑤ 负责对本岗位仪器的维护保养，保证仪器的良好齐全，保管各种试剂使其性能达到要求，分析结果达到精确要求。

⑥ 严格遵守劳动纪律、组织纪律，遵守岗位责任制及交接班制，做到遵章守纪，争做文明职工。

⑦ 做到文明操作、仪器整洁、定期清扫，交接班要把生产情况、设备卫生、仪器维护及使用情况认真交接清楚。

⑧ 各种药品、试剂按规定配制、使用、保管，对有毒有害物质要有专人、专柜保管，确保分析工作的安全进行。

2. 中控分析工安全规程

① 采用强腐蚀的酸、碱液态物时，必须穿戴防护用品及眼镜；采高温水溶液时防止阀门飞溅烧伤、烫伤；采易燃品时切不可用金属工具撞击摩擦避免火花产生。

② 遇有毒气体产生时，采样者要站在取样点的上风头，防止中毒。

③ 取样时对有压力的设备、容器、管道、槽车要特别谨慎，其阀门要慢慢开启，防止冲出飞溅。

④ 一旦发现有害物质接触到皮肤、眼睛时，首先用大量水冲洗，后速到医疗机构治疗，不可延误。

⑤ 煤气测定时必须打开取样阀或倒淋阀充分进行置换，此时一定做好通风措施排放废气，若在室外注意应站在上风头位置。

⑥ 取样时间较长的样，要随时检查连接处有无泄漏、皮管脱落、破裂，避免造成着火中毒事故发生。

⑦ 在操作过程中如发现恶心、头昏症状时应立即寻找原因，并到通风良好的地方呼吸新鲜空气，以防后患。

⑧ 操作人员不准在现场吸烟。

⑨ 使用完毕后关闭煤气总阀，确认无气时方可离开现场。

⑩ 操作人员会使用防火器材。

第二章

试样的采集与制备

试样的采集和制备是工业分析开始前的基本操作，要正确掌握工业分析中采样的各项技能与方法要求。

第一节 采样的基本知识

工业生产的物料往往是大批量的，通常有几十吨、几百吨，甚至成千上万吨。虽然原料供应方在供货时一般都附有化验报告或证明，但为了保证正常生产、核算成本和经济效益，几乎所有的生产厂家都对进厂的物料（原料及辅助材料等）进行再分析。如何在如此大量的物料中采集有代表性的、仅为几百克或几千克的物料送到化验室作为试样，是分析测试工作的首要问题。因为如果试样采集不合理，所采集的试样没有代表性或代表性不充分，那么，随后的分析程序再认真、细致，测试的手段再先进也是徒劳的。因此，必须重视分析测试工作的第一道程序——采样。采样，首先要保证它具有代表性，即试样的组成和它的整体的平均组成相一致，其次在操作和处理过程中还要防止样品变化和污染。否则，无论分析做得怎样认真、准确，所得结果也是毫无意义的，因为该分析结果只能代表所取样品的局部组成。更有害的是错误地提供了无代表性的分析数据，会给实际工作带来难以估计的后果。

实际分析对象多种多样，但从其形态来分，不外乎是气体、液体和固体三类。对于性质、形态、均匀度、稳定性不同的试样，应采取不同的取样方法，各行各业根据自身试样来源、分析目的不同都有严格的取样规则。

一、采样中几个常用的名词术语

① 采样指从待测的原始物料中取得分析试样的过程。

② 采样时间指每次采样的持续时间,也称采样时段。

③ 采样频率指两次采样之间的间隔。

④ 采样单元是具有界限的一定数量物料(界限可以是有形的,如一个容器;也可以是无形的,如物料流的某一时间或时间间隔)。

⑤ 子样(份样)指用采样器从一个采样单元中一次取得的一定量(质量或体积)的物料。

⑥ 子样数目指在一个采集对象中应布采集样品点的个数。每个采集点应采集量的多少,是根据物料颗粒大小、均匀程度、杂质含量的高低、总量等多个因素来决定的。一般情况下,物料的量越大、杂质越多、分布越不均匀,则子样的数目和每个子样的采集量也越多,以保证采集样品的代表性。

⑦ 原始平均试样(送检样)指合并所采集子样得到的试样。

⑧ 分析化验单位指应采取一个原始平均试样的物料总量。

⑨ 实验室样品指送往实验室供分析检验用的样品。

⑩ 参考样品(备检样品)指与实验室样品同时制备的样品,是实验室样品的备份。

⑪ 试样指由实验室样品制备,用于分析检验的样品。

二、试样采集的原则

采样方法是以数理统计学和概率论为理论基础建立的。一般情况下,经常使用随机采样和计数采样的方法。不同行业的分析对象是各不相同的,按物料的形态可分为固态、液态和气态三种,而从各组分在试样中的分布情况看则不外乎有分布比较均匀和分布不均匀两种,采样及制备样品的具体步骤应根据分析的要求及试样的性质、均匀程度、数量多少等情况,严格按照一定的规程进行操作。

① 均匀物料。如果物料各部分的特性平均值在测定的该特性的测量误差范围内,此物料就是均匀的物料。采样时原则上可以在物料的任意部分进行采样。

② 不均匀物料。如果物料各部分的特性平均值不在测定的该特性的测量误差范围内,此物料就是不均匀的物料。一般采取随机采样。对所得样品分别进行测定,再汇总所有样品的检测结果,即得到总体物料的特性平均值和变异

性的估计量。

a. 随机不均匀物料指总体物料中任一部分的特性平均值与相邻部分的特性平均值无关的物料。采样时可以随机采样，也可非随机采样。

b. 定向非随机不均匀物料指总体物料的特性值沿一定方向改变的物料。采样时要分层采样，并尽可能在不同特性值的各层中采出能代表该层物料的样品。

c. 周期非随机不均匀物料指在连续的物料流中物料的特性值呈现出周期性变化，其变化周期有一定的频率和幅度的物料。采样时最好在物料流动线上采样，采样的频率应高于物料特性平均值的变化频率，切忌两者同步。

d. 混合非随机不均匀物料指由两种以上特性值变异类型或两种以上特性平均值组成的混合物料，如由几批生产合并的物料。采样时首先尽可能使各组分分开，然后按照上述各种物料类型的采样方法进行采样。

物料的状态一般有三种：固态、液态和气态。物料状态不同，采样的具体操作也各异。在国家标准或行业标准中，对分析对象的采样和样品的制备等都有明确的规定和具体的操作方法，可按标准要求进行。

第二节　固体试样的采集

固态的工业产品，一般颗粒都比较均匀，采样操作简单。如对于袋装化肥，通常规定 50 件以内抽取 5 件；51～100 件，每增 10 件，加取 1 件；101～500 件，每增 50 件，加取 2 件；501～1000 件，每增 100 件，加取 2 件；1001～5000 件，每增 100 件，加取 1 件。将子样均匀地分布在该批物料中，然后用采样工具进行采集。

自袋、罐、桶中采集粉末状物料样品时，通常采用采样探子或双套取样管（图 2-1）。采样探子约长 750mm，外径 18mm，槽口宽 12mm，下端为 30°角锥的不锈钢管或铜管。取样时，将采样探子由袋（罐、桶）口的一角沿对角线插入袋（罐、桶）内的 1/3～3/4 处，旋转 180°后抽出，刮出钻槽中物料作为一个子样。

但有些固态产品，如冶炼厂、水泥厂、肥料厂的原料矿石，其颗粒大小不甚均匀，有的相差很大。对于不均匀的物料，可参照下面的经验公式计算试样的采集量：

$$Q \geqslant Kd^a$$

式中　Q——采集试样的最低量，kg；

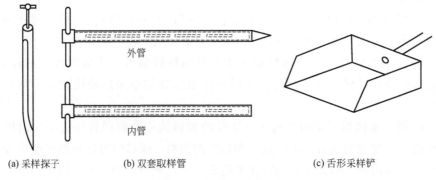

(a) 采样探子　　(b) 双套取样管　　(c) 舌形采样铲

图 2-1　试样采集工具

d——物料中最大颗粒的直径，mm；

K、a——经验常数，一般取 $K=0.02\sim 1$，$a=1.8\sim 2.5$。

可见，若物料的颗粒愈大，则最低采样量也愈多。另外，物料所处的环境不尽相同，有的可能在输送皮带上、运输机中，有的可能在车或斗车里，等等，应根据物料的具体情况，采取相应的采样方式和方法。

采集样品的量应满足下列要求：至少应满足三次重复测定的要求；如需留存备考样品，则应满足备考样品的要求；如需对样品进行制样处理，则应满足加工处理的要求。

对于不均匀的物料，更应注意试样的代表性，采样时首先应在不同部位采集试样，使其代表总体组成，此即原始试样。采样量应取多少才合适，取决于两个因素，即测量的准确度和试样的均匀性。测量的准确度要求越高，试样越不均匀，采样数量越多。

一、物料流中采样

随运送工具运转中的物料，称为物料流。在确定了子样数目后，应根据物料流量的大小以及物料的有关性质等，合理布点采样。

在物料流中的人工采样，一般使用 300mm 长、250mm 宽的舌形采样铲[图 2-1(c)]，能一次（即操作一次）在一个采样点采取规定量的物料。采样前，应分别在物料流的左、中、右位置布点，然后取样。如果在运转着的皮带上取样，则应将采样铲紧贴着皮带，而不能抬高铲子仅取物料流表面的物料。

二、运输工具中采样

例如，以燃煤为能源的发电厂，每月进厂的煤为 400 多万吨，平均每天为

13余万吨,常用的运输工具是火车或汽车。发货单位在煤装车后,应立即采样。而用煤单位则除了采用发货单位提供的样品外,也常按照需要布点后采集样品。根据运输工具的容积不同,可选择如图 2-2 至图 2-4 所示方法在车厢对角线上布点采样。

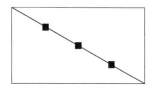 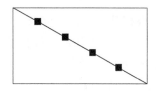 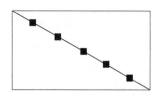

图 2-2　车厢上 3 点采样法　　图 2-3　车厢上 4 点采样法　　图 2-4　车厢上 5 点采样法
　　　（限 30t 以下）　　　　　　　（限 30～50t）　　　　　　　　（限 50t 以上）

对于矿石等块状不均匀物料试样的采集,一般与煤的试样采集相似。但应注意的问题是,当发现正好在布点处有大于 150mm 的块状物料,而且其质量分数超过总量的 5%,则应将这些大块的物料进行粉碎,然后用四分法(具体内容见"物料试样的制备")缩分,取其中约 5kg 物料并入子样内。

若运输工具为汽车、畜力或人力车,由于其容积相对较小,此时可将子样的总数平均分配到 1 或 2 个分析化验单位中,再根据运输量的大小决定间隔多少车采 1 个子样。

三、物料堆中采样

进厂后的物料通常堆成物料堆,此时,应根据物料堆的大小、物料的均匀程度和发货单位提供的基本信息等,计算应该采集的子样数目及采集量,然后进行布点采样。一般从物料中采样可按下面方法进行(图 2-5)。

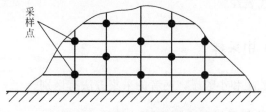

图 2-5　堆料上采样点的分布

在物料中采样时,应先将表层 0.1m 厚的部分用铲子除去,然后以地面为起点,在每间隔 0.5m 高处画一横线,再每隔 1～2m 向地面画垂线,横线与垂线相交点即为采样点。用铁铲在采样点处挖 0.3m 左右深度的坑,从坑的底部向与地面垂直方向挖够一个子样的物料量。最后将所采集的子样混合成为原始平均试样。

四、各种不同包装中采样

固态的工业原料或产品根据其本身性质以及用户的远近情况，采用不同的包装，常见的有袋装和罐装。袋装所用袋子包括纸袋、布袋、麻袋和纤维织袋；罐（桶）装所用罐（桶）包括木质材料、塑料或铁皮等制成的罐（桶）。按子样数目确定的方法，确定子样的数目和每个子样的采集量后，即可进行采样。

第三节　液体试样的采集

工业生产中的液态物料，包括原材料及生产的最终产品，其存在形式和状态因容器而异。例如，有输送管道中流动着的物料，也有装在贮罐（瓶）中的物料等。

一、流动着的液体采样

这种状态的物料一般在输送管道中，可以根据一定时间里的总流量确定采集的子样数目、采集1个子样的间隔时间和每个子样的采集量。可以利用安装在管道上的不同采样阀采集到管道中不同部位的物料。但必须注意，应将滞留在采样阀口以及最初流出的物料弃去，然后才正式采集试样，以保证采集到的试样具有真正的代表性。

二、贮罐（瓶）中采样

贮罐包括大贮罐和小贮罐，两者的采集方法有区别。

1. 大贮罐中物料采样

由于大贮罐容积大，不能仅取易采集部分的物料作为样品，否则不具代表性。在这种情况下，常用的采样工具为采样瓶（图2-6），由金属框架和具塞的小口瓶组成。金属框架的质量有利于采样瓶顺利沉入预定的采样液位。小口瓶的材质可以选择玻璃或者塑料。玻璃瓶的优点是易于清洗、透明而易于观察，但玻璃中的 Si、Na、K、B、Li 等成分易于溶出，可能造成对样品测定的干扰。另外，玻璃易碎、携带不便，而聚乙烯材质的小口瓶不易碎、轻便、方便运输，但其易于吸附离子及某些有机物，还易受有机溶剂的腐蚀。因此，应根据实际采样对象，选择合适的采样瓶。

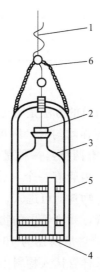

图 2-6　采样瓶

1—绳子；2—带有软绳的橡胶塞；3—小口瓶；4—铅锤；5—铁框；6—挂钩

当需要采集全液层试样时，先将采样瓶的瓶塞打开，沿垂直方向将采样装置匀速沉入液体物料中，当采样瓶刚达底部时，瓶内刚装满物料即可。若有自动采样装置，则可测出物料深度，调节好采样瓶下沉速度、时间，令采样瓶刚到底部时，瓶内物料刚装满，这样采集的试样即为全液层试样。

若是采集一定深度层的物料试样，则将采样装置沉入预定的位置时，通过系在瓶塞上的绳子打开瓶塞，待物料充满采样瓶后，将瓶塞盖好再提出液面。这样采集的物料为某深度层的物料试样。

从大贮罐中采集试样有两种方式：一种是分别从上层（距离表层 200mm）、中层、下层采样，然后再将它们合并、混合均匀作为一个试样（表 2-1）；另一种为采集全液层试样。在未特别指明时，一般以全液层采样法进行采样。例如，有一批液态物料，用几个槽车运送，需采集样品时，则每一个槽车采集一个全液层试样（>500mL），然后将各个子样合并，制备为原始平均试样。而当物料量很大，需要的槽车数量很多时，则可根据采样的规则，统计应采集原始平均试样的量、子样数目、子样的采集量等，再确定间隔多少个槽车采集一个子样。

表 2-1　采集与混合样品比例

采样时液面的情况	混合样品时相应的比例		
	上	中	下
满罐时	1/3	1/3	1/3
液面未达到上采样口,但更接近上采样口	0	2/3	1/3
液面未达到上采样口,但更接近中采样口	0	1/2	1/2
液面低于中部采样口	0	0	1

2. 小贮罐中物料采样

由于小贮罐容积不大,最简单的方法是将全罐(桶)搅拌均匀,然后直接取样分析。但若某些物料不易搅拌均匀时,则可用液态物料采样管进行采样。液态物料采样管(图 2-7)一般有两种:一种是金属采样管,由一条长的金属管制成,其管嘴顶端为锥体状,内管有一个与管壁密合的金属锥体,采样时,用系在锥体的绳子将锥体提起,物料即可进入,当欲采集的物料量足够时,即可将锥体放下,取出金属采样管,并将管内的物料置入试样瓶中即可;另一种是玻璃材质制成的液体采样管,它是内径为 10~20mm 的厚壁玻璃管,由于玻璃采样管为一直管,当将此采样管插入物料中一定位置时,即可用食指按住管口,取出采样管,将管内物料置入试样瓶中即可。

图 2-7　液体搅拌器、采样管

三、废水采样

在工业生产中,除了对液态的原材料、产品进行采样分析外,为了监视生产过程中产生的废水是否达到排放标准,也必须对工业废水进行合理的采样。为了采集有代表性的废水样品,应根据废水的杂质含量、废水排放量和排放时间的长短等进行布点。同时必须特别注意在各工段、车间的废水排出口,废水处理设施以及工厂废水的总出口进行采样监测。

四、江、河水系采样

1. 设置采样断面和采样点

一般来说以较少的监测断面和采样点来获取最具代表性的水样。
(1) 监测断面的设置　对于江、河水系或其中某一河段,常设置三种断面,即对照断面、控制断面和消减断面。

① 对照断面。为水体中污染物监测及污染程度提供参比、对照而设置,能够了解流入监测河段前水体水质状况。因此,这种断面应设在河流进入城市或工业区以前的地方,避开各种污水的流入或回流处。一般一个河段只设一个对照断面,有主要支流时可酌情增加。

② 控制断面。常称污染监测断面,表明河流污染状况与变化趋势,与对照断面比较即可了解河流污染现状。

③ 消减断面。表明河流被污染后,经过河流水体自净作用后的结果。常选择污染物明显下降,其左、中、右三点浓度差异较小的断面,位于距城市或工业区最后一个排污口下游1500m以外的河段上。

(2) 采样点设置 在设置监测断面后,应先根据水面宽度确定断面上的采样垂线,再根据采样垂线深度确定采样点的数目和位置。

① 采样垂线。

a. 一般是当河面水宽小于50m时,设一条中泓垂线;

b. 50~100m时,在左右近岸有明显水流处各设一条垂线;

c. 水面宽100~1000m时,设左、中、右三条垂线;

d. 水面宽大于1500m时至少设5条等距离垂线。

② 采样点的位置和数目。

a. 每一条垂线上,当水深小于或等于5m时,只在水面下0.3~0.5m处设一个采样点;

b. 水深5~10m时,在水面下0.3~0.5m处和河底上0.5m处各设一个采样点;

c. 水深10~50m时,要设三个采样点,水面下0.3~0.5m处一点,河底以上约0.5m处一点,1/2水深处一点;

d. 水深超过50m时,应酌情增加采样点数。

监测断面和采样点位置确定后,如果岸边无明显的天然标志,应立即设置标志物如竖石柱、打木桩等。每次采样时以标志物为准,在同一点位上采样,以保证样品的代表性和可比性。

2. 采样时间和采样频率

① 对较大水系干流和中小河流,全年采样不少于6次。采样时间为丰水期、枯水期和平水期,每期采样两次。

② 流经城市工业区、污染较严重的河流、游览水域、饮用水源地等全年采样不少于12次,采样时间为每月一次。

③ 潮汐河流全年采样3次,丰水期、平水期、枯水期各一次,每次采样

两天，分别在大潮期和小潮期进行，每次应采集当天涨、退潮水样分别测定。

④ 湖泊、水库全年采样两次，枯水期、丰水期各1次。若设有专门监测站，全年采样不少于12次，每月采样1次。

⑤ 要了解今天或几天内水质变化，可以在1天（24h）内按一定时间间隔或3天内（72h）分不同等分时间进行采样。遇到特殊情况时，增加采样次数。

⑥ 背景断面每年采样1次。

3. 采样方法

① 船只采样适用于一般河流和水库采样。利用船只到指定地点，用采样器采集一定深度的水样。此法灵活，但采样地点不易固定，使所得资料可比性较差。

② 桥梁采样适用于频繁采样，并能横向、纵向准确控制采样点位置，尽量利用现有桥梁，勿影响交通。此法安全、可靠、方便，不受天气和洪水影响。

③ 涉水采样适用于较浅的小河和靠近岸边水浅的采样点。采样时，避免搅动沉积物，采样者应站在下游，向上游方向采集水样。

④ 索道采样适用于地形复杂、险要，地处偏僻处的小河流，可架索道用采样器采集一定深度的水样。

第四节　气体试样的采集

气体物料易于扩散，容易混合均匀。工业气体物料存在动态、静态、正压、常压、负压、高温、常温、深冷等状态，且许多气体有刺激性和腐蚀性，所以，采样时一定要按照采样的技术要求，并且注意安全。

一般运行的生产设备上安装有采样阀。气体采样装置一般由采样管、过滤器、冷却器及气体容器组成。

采样管用玻璃、瓷或金属制成。气体温度高时，应以流水冷却器将气样降至常温。冷却器有玻璃冷却器和金属冷却器。玻璃冷却器适用于气温不太高的气体物料，金属冷却器适用于气温很高的气体物料。气体物料的采样方法如下。

（1）常压状态气体采样　气体压力等于大气压力或处于低正压、低负压状态的气体均称为常压气体。常压状态气体采样包括封闭液采样法和流水抽气采样法。采取常压状态气体样品，通常使用橡胶制的双链球或玻璃吸气瓶。如果采取气样量较小,也可以选用吸气管。

(2) 负压状态气体采样　气体压力远远低于大气压力的为负压气体。负压状态气体采样包括抽气泵减压采样法和抽空容器采样法。气体负压过高,则取样容器应使用真空瓶(管)。真空瓶(管)是 0.5~3L 容积的厚壁、优质玻璃瓶或管,瓶或管口均有活塞。采样前将其抽至内压降至 8~13kPa 以下。

(3) 正压状态气体采样　气体压力远远高于大气压力的气体为正压气体。正压气体的采样装置简单,可以采用上述常用气体采样工具进行。取样容器可以采用球胆、橡胶气囊,也可以用吸气瓶、吸气管。如果气压过大,则应注意调整采样管旋塞或在采样装置与取样容器之间加装缓冲瓶。

通常操作方式是以橡皮囊为采样容器或直接与分析仪器相连。例如,采用封闭液采样法进行常压状态气体采样,选择采样瓶(图 2-8)。

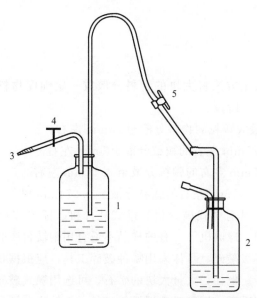

图 2-8　采样瓶装置
1—气样瓶;2—封闭液瓶;3—橡皮管;4—旋塞;5—弹簧夹

如图 2-8 所示,操作步骤如下:瓶 2 中注满封闭液→打开弹簧夹 5→提高瓶 2→封闭液进入瓶 1→瓶 1 空气排尽→经旋塞 4 和橡皮管 3 与采样管连接→降低瓶 2→气体进入瓶 1→至需要量关旋塞 4 并夹紧弹簧夹 5→完成采样工作。

一些注意事项如下:

① 采样前应先检查样品容器是否有破损、污染、泄漏等现象。

② 采样导管过长会引起采样系统的时间滞后,使样品失去代表性,应使用短的、孔径小的导管。封闭液要用气样饱和后再使用。

③ 对高纯气体，应每瓶采样。

第五节 物料试样的制备

原始平均试样一般不能直接用于分析，必须经过制备处理，才能成为供分析测试用的试样。对于液态和气态的物料，由于易于混合均匀，而且采样量较少，经充分混合后，即可分取一定的量进行分析测试；对于固体物料的原始平均试样，除粉末状和均匀细颗粒的原料或产品外，往往都是不均匀的，不能直接用于分析测试，一般要经过以下步骤才能将采集的原始平均试样制备成分析试样。

一、破碎

通过机械或人工方法将大块的物料分散成一定细度物料的过程，称为破碎。破碎可分为4个阶段。

① 粗碎 将最大颗粒的物料分散至25mm左右。
② 中碎 将25mm左右的颗粒分散至5mm左右。
③ 细碎 将5mm左右的颗粒分散至0.15mm左右。
④ 粉碎 将0.15mm左右的颗粒分散至0.074mm以下。

常用的破碎工具有颚式破碎机、锥式轧碎机、锤击式粉碎机、圆盘粉碎机、钢臼、铁碾槽、球磨机等。有的样品不适宜用钢铁材质的粉碎机破碎，只能由人工用锤子逐级敲碎。具体采用哪种破碎工具，应根据物料的性质和对试样的要求进行选择。例如，大量大块的矿石，可选用颚式破碎机；性质较脆的煤和焦炭，则可用手锤、钢臼或铁碾槽等工具；而植物性样品，因其纤维含量高，一般的粉碎机不适合，选用植物粉碎机为宜。

对试样进行破碎，其目的是把试样粉碎至一定的细度，以便于试样的缩分处理，同时也有利于试样的分解处理。当上述工序仍未达到要求时，可以进一步用研钵（瓷或玛瑙材质）研磨。为保证试样具有代表性，要特别注意破碎工具应保持清洁、不能磨损，以防止引入杂质；同时要防止破碎过程中物料跳出和粉末飞扬，也不能随意丢弃难破碎的任何颗粒。

由于无需将整个原始平均试样都制备成分析试样，因此，在破碎的每一个阶段又包括4个工序，即破碎、过筛、混匀、缩分。经历这些工序后，原始平均试样自然减量至送实验室的试样量，一般为100~200g。

二、过筛

粉碎后的物料需经过筛分。在筛分之前,要视物料的情况决定是否需烘干,以免过筛时黏结或将筛孔堵塞。

试样过筛常用的筛子为标准筛,其材质一般为铜网或不锈钢网,有人工操作和机械振动两种方式。

根据孔径的大小,即每1英寸(1英寸=2.54cm)距离的筛眼数目或每平方厘米的面积中有多少筛孔,筛子可分为不同的筛号(表2-2)。在物料破碎后,要根据物料颗粒的大小情况,选择合适筛号的筛子对物料进行筛分。但必须注意的是,在分段破碎、过筛时,可先将小颗粒物料筛出,而对于大于筛号的物料不能弃去,要将其破碎至令全部物料都通过筛孔。缩分操作至最后得到的样品,则应根据要求,粉碎及研磨到一定的细度,全部过筛后作为分析样品贮存于广口磨砂试剂瓶中。

表 2-2 常用筛号与孔径的对照

筛号/网目	5	10	20	40	60
筛孔/mm	4.000	2.000	0.840	0.420	0.250
筛号/网目	80	100	120	140	200
筛孔/mm	0.177	0.149	0.125	0.105	0.074

三、混匀

混匀的方法有人工混匀和机械混匀两种。

1. 人工混匀法

人工混匀法是将原始平均试样或经破碎后的物料置于木质或金属材质、混凝土质的板上,以堆锥法进行混匀。具体的操作方法是:用一铁铲将物料往一中心堆积成一圆锥(第一次),然后将已堆好的锥堆物料,用铁铲从锥堆底开始一铲一铲地将物料铲起,在另一中心重堆成圆锥堆,这样反复操作3次,即可认为混合均匀。堆锥操作时,每一铲的物料必须从锥堆顶自然洒落,而且每一铲一铲都朝同一方向移动,以保证混匀。

2. 机械混匀法

将欲混匀的物料倒入机械混匀(搅拌)器中,启动机器,经一段时间运作,即可将物料混匀。

另外，经缩分、过筛后的小量试样，也可采用一张四方的油光纸或塑料纸、橡胶布等，反复沿对角线掀角，使试样翻动数次，将试样混合均匀。

四、缩分

在不改变物料平均组成的情况下，通过某些步骤，逐步减少试样量的过程称为缩分。常用的缩分方法如下。

1. 分样器缩分法

采用分样器（图2-9）缩分法的操作如下：用一特制的铲子（其铲口宽度与分样器的进料口相吻合）将待缩分的物料缓缓倾入分样器中，进入分样器的物料顺着分样器的两侧流出，被平均分成两份。将一份弃去（或保存备查），另一份则继续进行再破碎、分样器混匀、缩分，直至达到所需的试样量。用分样器对物料进行缩分，具有简便、快速、减小劳动强度等特点。

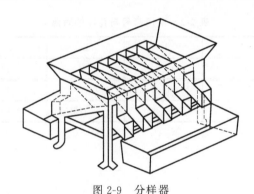

图 2-9 分样器

2. 四分法

如果没有分样器，最常用的缩分方法是四分法，尤其是样品制备程序的最后一次缩分，基本都采用此法。四分法（取样示意见图2-10）的操作步骤如下：

① 将物料按堆锥法堆成圆锥。
② 用平板在圆锥体状物料的顶部垂直下压，使圆锥体成圆台体。
③ 将圆台体物料平均分成4份。
④ 取其中对角线作为一份物料，另一份弃去或保存备查。
⑤ 将取用的物料再按①～④缩分至100～500g（或视需要量而定），缩分程序即完成。

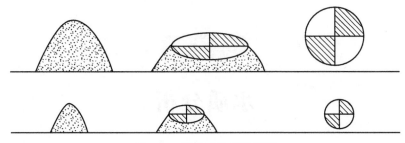

图 2-10　四分法取样示意图

3. 正方形挖取法

将混匀的样品铺成正方形均匀薄层,用直尺或特制的木格架划分成若干个小正方形(图 2-11),用小铲子将每一定间隔内的小正方形中的样品全部取出,放在一起混合均匀,其余部分弃去或留作副样保管。

将最后得到的物料装入广口磨砂试剂瓶中贮存备用,同时立即贴上标签,标明该物料试样的基本信息,其中信息内容包括:试样名称、采集地点、采集时间、采集人、制样时间、制样人、制成试样量、过筛号。

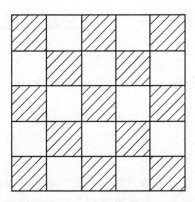

图 2-11　正方形挖取法

固体物料试样的采集和制备方法,因试样的性质、所处环境、状态以及分析测试要求不同而异。例如,对于棒状、块状、片状的金属物料,可以根据一定的要求以钻取、削或剪的方法进行采样;对特殊要求,如金属材料的发射光谱分析,则可以直接将棒状的金属物料用车床车成电极状,直接用于分析。

常用的缩分法还有棋盘缩分法,其操作方法与四分法基本相同。

缩分是样品制备过程十分重要的一个步骤。如何在这一环节中确保缩分的质量,同时又节省人力、物力,我们可以根据经验公式($Q \geqslant Kd^a$)计算缩分的次数。

第三章

水质分析

水是生物生长和生活所必需的资源，人类活动离不开水，生物生长需要水。在工业生产中，也需要用到大量的水，水是不可缺少的原材料或辅助材料，本章是针对水质分析技术的论述。

第一节 水质分析概述

一、水中的杂质与水质

水是一种良好的溶剂，在自然界的循环过程中与一些物质相接触时，或多或少会溶解一些物质，所以，天然水往往含有许多杂质。水及其所含的杂质共同表现的综合特性称为水质。

天然水中的杂质主要分为两大类，即悬浮杂质和溶解杂质。悬浮在水中的无机物包括少量沙土和煤灰；有机悬浮物包括有机物的残渣及各种微生物。溶解在水中的气体包括来自空气中的氧气、二氧化碳、氮气和工业排放的气体污染物如氨、硫氧化物、氮氧化物、硫化氢、氯气等；溶解在水中的无机盐类主要有碳酸钙、碳酸氢钙、硫酸钙、氯化钙以及相应的镁盐、钠盐、钾盐、铁盐、锰盐和其他金属盐；溶解的有机物主要是动植物分解的产物。

二、水中杂质的危害

1. 水中溶解的气体

水中溶解的气体对水质影响较大的是氧气、二氧化碳、氨、二氧化硫和硫化氢等。

（1）氧气　水中溶解的氧气不仅会引起金属的化学腐蚀，还会导致危害更大的电化学腐蚀，是造成工业生产中锅炉等金属设备腐蚀的主要原因。

（2）二氧化碳　溶于水的二氧化碳对水的 pH 产生影响，含 CO_2 多的水显酸性，会导致金属设备的腐蚀。解离产生的 CO_3^{2-} 和 Ca^{2+} 浓度过高是水垢产生的原因。

（3）氨气　氨气是易溶于水的碱性物质，通常水中含氨量很少，不会对水质造成影响。但当水中蛋白质等含氮有机物含量较高时，在微生物作用下可分解产生氨。氨在潮湿空气中或含氧水中会引起铜和铜合金的腐蚀。氨与铜离子能形成稳定的配合物而降低铜的氧化还原电极电位，使铜易被氧化腐蚀，导致铜质工业设备的损坏。

（4）硫化氢和二氧化硫　溶于水的二氧化硫和硫化氢都使水显酸性，硫离子能强烈地促进金属的腐蚀，其危害更大。工业生产设备中与水接触的碳钢表面出现"鼓泡"等腐蚀现象，主要是硫化氢作用的结果。硫化氢有强还原性，会与水中的氧化性杀菌剂或铬酸盐等强氧化性缓蚀剂反应而使它们失效。另外许多金属硫化物在水中溶解度很小，所以硫化氢是金属离子的沉淀剂，会使含锌等金属离子缓蚀剂形成硫化物沉淀而失效。

2. 水中溶解的无机盐类

① 无机盐在水中的溶解性规律　无机盐在水中的溶解度随温度变化的规律是：绝大多数盐的溶解度都随温度的升高而增加；有些盐溶解度受温度变化的影响不显著，如食盐；还有些盐类的溶解度随温度的升高而降低，如碳酸钙、硫酸钙、碳酸镁等微溶和难溶性盐类，在受热过程中特别容易形成水垢。

② 总溶固量和电导率　溶于水的总固体物质包括盐类和可溶性有机物，但后者在水中含量一般很低。所以，总溶固量实际是指水中溶解盐的数量。根据水中的总溶固量的不同，可将水质分为淡水、咸水、高盐水三类。

测定水中总溶固含量需把水蒸至干，很费时间。由于水中溶解的盐有导电能力，含盐量高导电能力强。溶液的电导率与其总溶固含量呈线性关系，直接测定溶液的电导率即可换算成总溶固含量。

③ 钙镁离子　一般从自然界得到的水都溶有一定量的可溶性钙盐和镁盐，含可溶性钙盐、镁盐较多的水称为硬水。根据所含钙盐、镁盐种类的不同，又分为暂时硬水和永久硬水。硬水中的碳酸氢钙和碳酸氢镁，在煮沸过程中会转变成碳酸盐沉淀析出，此硬水称为暂时硬水。硬水中钙、镁的硫酸盐、氯化物，在煮沸时不会沉淀析出，故称该硬水为永久硬水。含钙、镁离子较少或不

含钙、镁离子的水称为软水。

硬水对肥皂和合成洗涤剂的洗涤性能影响很大。水中的钙、镁离子会与肥皂中的高碳脂肪酸根（如硬脂肪酸根）反应，生成不溶性的硬脂酸钙（俗称钙皂）或硬脂酸镁，而使肥皂失去洗涤去污的能力。同时生成的钙皂沉淀物会牢固地附着在洗涤对象的表面，不易去除，严重影响洗涤质量。合成洗涤剂中可溶性的烷基苯磺酸钠也会与钙、镁离子发生反应，形成难溶于水的十二烷基苯磺酸盐，只能在一定程度上分散在水中，影响洗涤效果。

硬水不仅不适合作洗涤用水，也不适合作锅炉用水，它容易产生水垢，使锅炉热效率降低，甚至引起锅炉爆炸。

④ 铁离子的危害　水中铁含量过高，饮用时有发腥发涩的感觉，用于洗涤衣物和瓷器会使其染上黄色。水中铁离子包括 Fe^{2+}、Fe^{3+} 两种形式。由于 $Fe(OH)_3$ 溶度积很小，所以在中性水中 Fe^{3+} 都是以氢氧化铁胶体形式悬浮于水中，会相互作用凝聚沉积在锅炉金属表面形成难以去除的锈垢，并引发金属进一步腐蚀。而溶在水中 Fe^{2+} 的危害作用在于它是水中铁细菌的营养源，Fe^{2+} 含量过多会引起铁细菌的滋生。Fe^{2+} 与磷酸根离子结合形成的磷酸亚铁是黏着性很强的污垢。而且 Fe^{2+} 能在碳酸钙过饱和溶液中起晶核作用，能加快碳酸钙沉淀的结晶速度。

⑤ 铜离子的危害　虽然铜离子在水中含量一般不高，但它对金属腐蚀有明显影响。由于铜离子易被铁、锌、铝等活泼金属还原为金属铜，而在金属表面形成以铜为阴极的微电池，引发金属电化学腐蚀，造成金属的点蚀而穿孔。

⑥ 有害金属　水体中对人体有害的金属离子主要有汞、镉、铬、铅、砷等重金属离子。

⑦ 水中的阴离子　水中含有的阴离子主要有 OH^-、CO_3^{2-}、HCO_3^-、PO_4^{3-}、SiO_3^{2-}、Cl^- 和 SO_4^{2-} 等，其中能引起金属腐蚀的通常是在水中含量较高的 Cl^-。研究表明，Cl^- 虽然并没有直接参与电极反应，但能明显加快腐蚀速度。这可能是因为 Cl^- 容易变形极化，极化后的 Cl^- 具有较强极性和穿透性。Cl^- 的强极性和穿透性使其易于吸附在金属表面，并渗入金属表面氧化膜保护层内部，而导致腐蚀。此外，OH^-、CO_3^{2-}、HCO_3^- 等与钙、镁离子一样都是成垢离子。

3. 水中其他杂质的危害

① 油污　水中的油污，不仅会黏附在金属表面，影响金属的传热效率，也阻止缓蚀剂与金属表面充分接触，使金属不能受到很好的保护而腐蚀，还会对水中各种污垢起黏结剂作用，加速污垢的形成和聚积。油污还是微生物的营

养源，会加快微生物的滋生和形成微生物黏泥。

② 二氧化硅　水中含有少量以硅酸或可溶性硅酸盐形式存在的二氧化硅，对金属的腐蚀有一定的缓蚀作用。但其含量过高会形成钙、镁的硅酸盐水垢或二氧化硅水垢。此水垢热阻大、难去除，对锅炉危害特别大。

综上所述，杂质的存在对水质的影响很大，必须严格测定和控制水中杂质的量。

三、水质分析指标与标准

水质的优劣，直接影响工业产品的质量和设备的使用，直接影响农作物的生长及质量，关系到人类的健康和整个生态的平衡等。因此，对生活饮用水、工农业用水等各种用途的水都必须进行水质分析。水质分析是根据水质指标和水质标准，用其要求的分析技术对水中杂质进行的分析。水质分析是工业分析和环境分析等的重要组成部分。

1. 水质指标

水质指标是表示水的质量好坏的技术指标，主要有水的物理指标、化学指标及生物指标，根据用水要求和杂质的特性而定。

2. 水质标准

水质标准是水质指标要求达到的合格范围，是对生活饮用水、工农业用水等各种用途的水中污染物质的最高容许浓度或限量阈值的具体限制和要求，是水的物理、化学和生物学的质量标准。

不同的用途对水质有不同的要求。对饮用水主要考虑对人体健康的影响，其水质标准中除有物理、化学指标外，还有微生物指标；对工业用水则应考虑是否影响产品质量或易于损害容器及管道，其水质标准中多数无微生物限制。工业用水的要求也还因行业特点或用途的不同而不同。例如，锅炉用水要求悬浮物、氧气、二氧化碳含量要少，硬度要低；纺织工业用水要求硬度要低，铁离子、锰离子含量要极少；化学工业中氯乙烯的聚合反应要在不含任何杂质的水中进行。

为了保护环境和利用水为人类服务，国内外都有各种各类水质标准。主要有地表水环境质量标准、地下水质量标准、海水水质标准、农田灌溉水质标准、渔业水质标准、生活饮用水水质标准、各种工业用水水质标准及各种废水排放标准等。

四、水质分析方法

在实际水质分析中，应根据水的来源及用途，选择水质指标项目、水质标准，并按标准规定的分析方法进行分析。现代分析化学的各种方法在水质分析中都得到了广泛应用，其应用情况见表 3-1。

表 3-1　水质分析测定项目及其常用测定方法

分析方法	项目
重量法	悬浮物、总固体、溶解性固体、灼烧减量、SO_4^{2-}、总有机碳、油脂
沉淀法	酸度、碱度、硬度、游离二氧化碳、侵蚀性二氧化碳、COD、DO、BOD、Ca^{2+}、Mg^{2+}、Cl^-、CN^-、F^-、硫化物、有机酸、挥发酚、总铬
吸光光度法	SiO_2、Fe^{3+}、Fe^{2+}、Al^{3+}、Mn^{2+}、Cu^{2+}、Pb^{2+}、Zn^{2+}、$Cr(Ⅲ、Ⅵ)$、Hg^{2+}、Cd^{2+}、Ca^{2+}、Mg^{2+}、U、Th^{4+}、As、Se、F^-、Cl^-、SO_4^{2-}、CN^-、NH_4^+、NO_3^-、NO_2^-、可溶性磷、总磷、有机磷、有机氮、酚类、硫化物、余氯、木质素、ABS 色度、阴离子表面活性剂、油脂
比浊法	SO_4^{2-}、浊度、透明度
火焰光度法	Na^+、K^+、Li^+
发射光谱法	Ag、Si、Mg、Fe、Al、Ni、Ca、Cu 等
原子吸收光谱法	As、Ag、Bi、Ca、Cd、Co、Cu、Fe、Hg、K、Mg、Mn、Mo、Na、Ni、Pb、Sn、Zn 等
电位法	pH 值、DO、酸度、碱度
极谱法	As、Cd、Co、Cu、Ni、Pb、V、Se、Mo、Zn、DO 等
离子选择性电极法	K^+、Li^+、Na^+、F^-、Cl^-、Br^-、I^-、CN^-、S^{2-}、NO_3^-、NH_4^+、DO 等
高效液相色谱法	有机汞、Co、Cu、Ni、有机物
离子色谱法	Li^+、Na^+、K^+、F^-、Cl^-、Br^-、I^-、NO_3^-
气相色谱法	Al、Be、Cr、Se、气体物质、有机物质
其他	温度、外观、嗅、味、电导率

第二节　水样的采集与保存

水样的采集与保存直接关系到水质分析结果的可靠性。因此，必须根据水质分析的目的、检测项目及水样的性质等合理选择水样的采集及保存方法。各类水样的采集和保存方法有所不同，因此文中所说的各种方法都属于简单介绍，是概括性的总结。

一、水样的采集

1. 采样量

水样量根据欲测项目的多少而不同,采集 2～3L 即可满足通常水质理化分析的需要。若测定苯并(a)芘等项目,则需采集 10L 水样。

2. 采样器和采样方法

(1) 硬质玻璃瓶、聚乙烯瓶(或桶)　玻璃瓶的优点是内表面易清洗,在采集微生物样品时,采样前可以灭菌。当玻璃容器对水样中某种组分有影响时,最好选用聚乙烯容器。采样前先将容器洗净,采样时用水样冲洗 3 次,再将水样采集于瓶中。采集自来水及具有抽水设备的井水时,应先放水数分钟,使积留于水管中的杂质流去,然后将水样收集于瓶中。采集无抽水设备的井水或江、河、水库等地面水的水样时,可将采样器浸入水中,使采样瓶口位于水面以下 20～30cm,然后打开瓶塞,使水进入瓶中。

(2) 单层采样器　单层采样器适用于采集水流平稳的深层水样,其结构如图 3-1 所示,是一个装在金属框内用绳子吊起的玻璃采样瓶,框底有一铅锤,以增加质量,瓶口配有橡皮塞,以软绳系牢,绳上标有高度。采样时,将其沉降至所需深度(可从提绳上的标度看出),上提提绳打开瓶塞,待水充满采样瓶后提出。

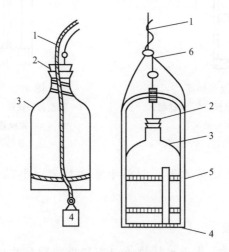

图 3-1　单层采样器

1—绳子;2—带有软绳的橡胶塞;3—采样瓶;4—铅锤;5—铁框;6—挂钩

(3) 急流采样器　急流采样器适用于采集水流急、流量较大的水样,其结构如图 3-2 所示,是将一根长钢管固定在铁框上,管内装一根橡胶管,橡胶管上部用夹子夹紧,下部与瓶塞上的短玻璃管相连,瓶塞上另有一长玻璃管通至采样瓶近底处。采样前塞紧橡胶塞,然后将采样器垂直沉至要求的水深处,打开上部橡胶管夹,水样即沿长玻璃管流入样品瓶中,瓶内空气由短玻璃管沿橡胶管排出。所采集的水样也可用于测定水中溶解性气体,因为它是与空气隔绝的。

(4) 双层采样器 双层采样器适用于采集溶解性气体的水样,其结构如图 3-3 所示。采样时,将采样器沉至要求的水深处,打开上部的橡皮管夹,水样进入小瓶并将空气驱入大瓶,从连接大瓶短玻璃管排出,直到大瓶中充满水样,提出水面后迅速密封。

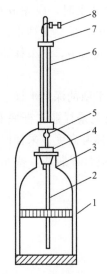

图 3-2 急流采样器
1—铁框;2—长玻璃管;3—采样瓶;
4—橡胶塞;5—短玻璃管;
6—钢管;7—橡胶管;8—夹子

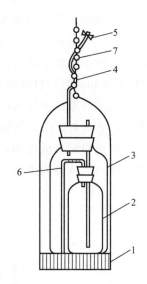

图 3-3 双层采样器
1—带重锤的铁框;2—小瓶;3—大瓶;
4—橡胶管;5—夹子;
6—塑料管;7—绳子

此外,还有直立式采水器、塑料手摇采样器、电动采样器及自动采样器等。

3. 采样点的布设

① 从排放口采样。当废水从排放口直接排放到公共水域时,采样点布设在厂矿的总排污口、车间或工段排污口。在评价污水处理设施时,要在设施前后都布设采样点。

② 从水路中采样。当废水以水路形式排到公共水域时,为不使公共水域

的水倒流进入排放口，应设适当的堰，从堰溢流中采样。对于用暗渠排放废水的地方，也要在排放口内公共水域的水不能倒流到的地点采样。在排污管或渠道中采样时，应在具有湍流状况的部位采集，并防止异物进入水样。

③ 利用自动采水器采样。利用自动采水器采样时，应把自动采水器的采水用配管沉至采样点的适当深度（一般在中心部分），配管的尖端附近装上 2mm 筛孔的耐腐蚀的筛网，以防止杂质进入配管及泵内。

4. 水样采集的时间和频率

各种工业废水都含有特殊的污染物质，其排放量、浓度等因工艺、操作时间及开工率不同而有很大的差异。采样时间和采样频率主要取决于排污情况和分析要求。一般，工业废水的采样时间应尽可能选择在开工率、运转时间及设备等正常状况时，并且至少以调查一个操作口作为一个变化单位。在生产和废水排放的周期内，应根据废水排放的具体情况，确定采样的时间间隔。工业废水采集的基本类型可分为瞬时水样和混合水样。

① 瞬时水样。废水的化学组成和浓度强烈地依赖于生产工艺流程和管理状况。对于生产工艺和过程连续、恒定，废水中组分及浓度随时间变化不大的工业废水，一般采用瞬时取样的方法。瞬时采样也适用于采集有特定要求的废水样。例如，某些平均浓度合格，但排放高峰浓度超标的废水，可隔一定时间瞬时采样。

② 混合水样。

a. 等时混合水样。等时混合水样是在某一时段内，于同一采样点按等时间间隔所采等体积水样的混合水样。生产的周期性影响着排污的规律性。不同的工厂和车间生产周期时间长短差别很大，排污的周期也不尽相同。一般应在一个或几个生产或排放周期内，按一定的时间间隔分别采样。对于性质稳定的污染物，可对分别采集的样品进行混合后一次测定；对于不稳定的污染物，可分别采样、分别测定，用其平均值确定水质的优劣。

b. 等比例混合水样。等比例混合水样是在某一时段内，在同一采样点所采水样量随时间或流量成比例的混合水样。生产的周期性会影响废水的排放量，若排放流量不恒定，在一个排污口采集不同时间的废水样，以流量的大小，按比例混合，则得平均比例混合废水样，测其浓度即为平均浓度，用以衡量该排污口的水质。

5. 采样记录

采样时要现场认真填写采样记录，污水样品采集的记录内容如表 3-2 所示。

表 3-2 污水采样记录表

检测站名_____   年度_____

序号	企业名称	行业名称	采样口	采样口位置车间或出场口	采样口流量 $\mathrm{m^3 \cdot s^{-1}}$	采样时间 月 日	颜色	嗅	备注

现场情况描述：   治理设施运行状况：
采样人员：_____   企业接待人员：_____   记录人员：_____

二、水样的保存

各种废水水样，从采集到分析这段时间内，由于物理、化学和生物作用会发生各种变化。因此，采样和分析间隔的时间应尽可能缩短。某些项目的测定，应现场进行。不能尽快分析的水样，则应根据不同监测项目的要求，采取适宜的保存方法。常用的水样保存方法有冷藏法、冷冻法和加入化学试剂法。

1. 冷藏法和冷冻法

冷藏温度一般是 2~5℃，冷冻温度为 -20℃，以抑制微生物活动，减缓物理挥发和化学反应速率。

2. 加入化学试剂法

根据待测水样的测定项目，在水样中加入适当的试剂，如生物抑制剂、酸、碱、氧化剂或还原剂等，以避免待测组分在存放过程中发生变化。例如，在测定化学需氧量的水样中加入 $HgCl_2$，可抑制生物的氧化还原作用。加酸保存，可防止重金属离子水解沉淀和抑制细菌对一些测定项目的影响。加碱可防止氰化物等组分的挥发。当水样的 pH 值低时，六价铬易被还原，不应在酸性溶液而应在接近中性或弱碱性（pH＝7~9）溶液中保存。加入氧化剂或还原剂，可抑制氧化还原反应和生化作用。可见，在实际中应根据水样的组成、物理性质、化学性质等合理选择其保存方法。常见水质分析项目对存放水样容器的要求和水样保存方法见表 3-3。

表 3-3　常见水质分析项目对存放水样容器的要求和水样保存方法

项目	采样容器	保存方法
色、嗅、味	玻璃瓶	4℃保存,24h内测定
浑浊度	玻璃瓶或聚乙烯瓶	4℃保存
pH 值	玻璃瓶或聚乙烯瓶	最好现场测定,必要时4℃保存,6h内测定
总硬度	聚乙烯瓶或玻璃瓶	必要时加硝酸至 pH<2
金属(铁、锰、铜、锌、镉、铅)	聚乙烯瓶或玻璃瓶	加硝酸至 pH<2
挥发酚类	玻璃瓶	加氢氧化钠至 pH>12,4℃保存,24h内测定
阴离子合成洗涤剂	玻璃瓶或聚乙烯瓶	4℃保存,24h内测定
氟化物	聚乙烯瓶	4℃保存
氰化物	玻璃瓶或聚乙烯瓶	加氢氧化钠至 pH>12,4℃保存,24h内测定
砷、硒	玻璃瓶或聚乙烯瓶	
汞	聚乙烯瓶	加 1+9 硝酸(内含 0.01% $Cr_2O_7^{2-}$)至 pH<2,10 天内测定
铬(Ⅵ)	内壁无磨损的玻璃瓶	加氢氧化钠至 pH 7~9,尽快测定
细菌总数	消毒玻璃瓶	在 4h 内检验
总大肠菌群	消毒玻璃瓶	在 4h 内检验
余氯	玻璃瓶	现场测定
氨氮	玻璃瓶或聚乙烯瓶	每升水样加 0.8mL 硫酸,4℃保存,24h内测定
亚硝酸盐氮	玻璃瓶或聚乙烯瓶	4℃保存,尽快分析
硝酸盐氮	玻璃瓶或聚乙烯瓶	每升水样加 0.8mL 硫酸,4℃保存,24h内测定
耗氧量	玻璃瓶	每升水样加 0.8mL 硫酸,4℃保存,24h内测定
氯化物	玻璃瓶或聚乙烯瓶	
硫酸盐	玻璃瓶或聚乙烯瓶	
碘化物	玻璃瓶或聚乙烯瓶	24h 测定
滴滴涕	玻璃瓶	
六六六	玻璃瓶	现场处理后送回实验室,于冰箱内保存不得超过 4h
氯仿	玻璃瓶	现场处理后送回实验室,于冰箱内保存不得超过 4h
四氯化碳	玻璃瓶	阴暗处放置不超过 4h
苯并[a]芘	玻璃瓶(棕色)	

注：1. 未注明保存方法的项表示水样不需要特殊处理；2. 测硒用的聚乙烯瓶必须用盐酸（1＋1）或硝酸（1＋1）溶液浸泡 4h 以上,再用纯水清洗干净。

第三节　水样的测定

一、水的物理指标的测定

1. 色度测定

颜色、浊度、悬浮物等都是反映水体外观的指标。纯水应无色透明，深层的水可呈浅蓝色。天然水中存在腐殖质、泥土、浮游生物和无机矿物质，使其呈现一定的颜色。工业废水含有染料、生物色素、有色悬浮物等，是环境水体着色的主要来源。有颜色的水会减弱水体的透光性，还会影响水生生物的生长。

水的颜色可分为真色和表色两种。真色是指去除悬浮物后水的颜色；表色是没有去除悬浮物时水的颜色。对于清洁或浊度很低的水，其真色和表色相近；对于着色很深的工业废水，二者差别较大。水的色度一般是指真色，常用下列方法测定。

（1）铂-钴标准比色法　pH 值对色度有较大影响，pH 值高时，往往颜色加深，故在测量色度的同时应测量溶液的 pH 值。

① 测定原理。本方法是用氯铂酸钾（K_2PtCl_6）与氯化钴（$CoCl_2 \cdot 6H_2O$）配成标准色列，再与水样进行目视比色，确定水样的色度。规定 $1mg \cdot L^{-1}$ 以氯铂酸离子形式存在的铂产生的颜色，称为 1 度，作为标准色度单位。该方法适用于较清洁、带有黄色色调的天然水和饮用水的测定。测定时，如果水样浑浊，则应放置澄清，或用离心法或用孔径 $0.45\mu m$ 滤膜过滤去除悬浮物。

② 仪器和试剂。

a. 50mL 比色管（13 支）。

b. 5mL 吸量管（1 支）。

c. 10mL 吸量管（1 支）。

d. 1000mL 容量瓶（1 个）。

e. 铂-钴标准溶液，色度为 500 度。称取 1.246g 氯铂酸钾及 1g 氯化钴，溶于 500mL 水中，加入 100mL 浓盐酸（$\rho = 1.18g \cdot mL^{-1}$），混匀，转移至 1000mL 容量瓶中定容。

若无氯铂酸钾，可用重铬酸钾代替。其制备方法：称取 0.0437g 重铬酸钾及 1g 硫酸钴（$CoSO_4 \cdot 7H_2O$），溶于少量水，加入 0.5mL 浓硫酸，用水稀释至 500mL，此溶液色度为 500 度。

③ 测定步骤。

a. 铂4色度标准色列的配制。取 12 支比色管，分别加入铂-钴标准溶液 0.50mL、1.00mL、1.50mL、2.00mL、2.50mL、3.00mL、3.50mL、4.00mL、4.50mL、5.00mL、6.00mL、7.00mL，用水稀释到标线，摇匀。其色度分别为 5 度、10 度、15 度、20 度、25 度、30 度、35 度、40 度、45 度、50 度、60 度、70 度。溶液放在严密盖好的瓶中，存于暗处，温度不超过 30℃，至少可稳定 1 个月。

b. 水样色度的测定。将 50mL 澄清水样加入 50mL 比色管中，在自然光下与铂-钴色度标准溶液比较。比较时，应在比色管底部衬一张白纸或白瓷板，使光线由液柱底部向上透过，目光对着比色管液面，自上而下观察，记下与水样色度相同的铂-钴色度标准色列的色度。

(2) 稀释倍数法　当水体被污水或工业废水污染，水样的颜色与标准色列不一致，不能进行比色时，可先用颜色描述。颜色描述可用无色、微绿、绿、微黄、黄、浅黄、棕黄、红等文字，记载颜色种类及特征。然后取一定量水样，用蒸馏水稀释到刚好看不到颜色，根据稀释倍数表示该水样的色度。其水样色度相当于铂-钴色列的色度×水样稀释倍数。所取水样需在 4℃保存，并在 12h 内测定。

2. 浊度测定

浊度是水中的不溶解物质对光线透过时阻碍程度的指标，是由微小颗粒（如淤泥、黏土、微生物和有机物等）引起的。浊度很高的水会显得混浊不清，或不透明；而浊度很低的水则显得清澈透明。测定浊度常用的方法有目视比浊法、分光光度法和浊度计法等。

(1) 目视比浊法　将水样与用硅藻土（白陶土）配制的浊度标准液进行比较，规定 1mg 一定粒度的硅藻土在 1000mL 水中所产生的浊度为 1 度。先配制浊度原液，再配制标准系列，然后将水样与标准系列在黑色底板上由上而下垂直观察进行目视比色。

浊度标准贮备液的配制：称取 10g 通过 0.1mm 筛孔的硅藻土于研钵中，加入少许水调成糊状并研细，移至 1000mL 量筒中，加水至 1L。充分搅匀后，静置 24h。用虹吸法仔细将上层 800mL 悬浮液移至另一 1L 量筒中，加水至 1L，充分搅拌，静置 24h。吸出上层含较细颗粒的 800mL 悬浮液弃去，下部溶液加水稀释至 1L。充分搅拌后，贮于具塞玻璃瓶中，其中含硅藻土颗粒直径大约为 $400\mu m$。

取 50.0mL 上述悬浮液置于恒重的蒸发皿中，在水浴上蒸干，于 105℃烘箱烘干 2h。置干燥器中冷却 30min，称量。重复以上操作，即烘干 1h，冷却，称量,直至恒重。求出 1mL 悬浮液含硅藻土的质量(mg)。

吸取含 250mg 硅藻土的悬浮液,置于 1L 容量瓶中定容,此溶液浊度为 250 度。

吸取 100mL 浊度为 250 度的标准液于 250mL 容量瓶中定容,此溶液浊度为 100 度。

测定 $1\sim 10\text{mg}\cdot\text{L}^{-1}$ 水样的浊度时,先分别吸取浊度为 100 度的标准溶液 0mL、1.00mL、2.00mL、4.00mL、6.00mL、8.00mL、10.00mL,于一系列 100mL 比色管中,加水至标线,混匀,其浊度依次为 0 度、1.0 度、2.0 度、4.0 度、6.0 度、8.0 度、10.0 度。再取 100mL 均匀水样,置于另一 100mL 比色管中,与上述配制的标准溶液进行比较,确定其浊度。

水样的浓度为 $10\sim 100\text{mg}\cdot\text{L}^{-1}$ 时,则应分别取浊度为 250 度标准溶液 0mL、10.0mL、20.0mL、30.0mL、40.0mL、50.0mL、60.0mL、70.0mL、80.0mL、90.0mL、100.0mL,置于一系列 250mL 容量瓶中定容,其浊度分别为 0 度、10 度、20 度、30 度、40 度、50 度、60 度、70 度、80 度、90 度、100 度,分别转入 250mL 具塞无色玻璃瓶中。再取 250mL 水样,于另一 250mL 具塞无色玻璃瓶中,与标准溶液进行比较,从瓶前向后看,确定其浊度。

水样浊度超过 100 度时,用无浊度水(即将蒸馏水通过 $0.2\mu\text{m}$ 滤膜过滤,收集于用滤过水荡洗两次的烧瓶中)稀释后测定。

(2) 分光光度法

① 吸取 $10\text{g}\cdot\text{L}^{-1}$ 硫酸肼 $[(NH_2)_2\cdot H_2SO_4]$ 溶液 5.00mL 和 $100\text{g}\cdot\text{L}^{-1}$ 六亚甲基四胺 $[(CH_2)_6N_4]$ 溶液 5.00mL 于 100mL 容量瓶中,混匀,在 (25 ± 3)℃下静置反应 24h,生成白色高分子聚合物。用水稀释至标线,混匀。此溶液浊度为 400 度,可保存一个月。

② 配制浊度标准系列,于 680nm 波长处(在此波长下测定,天然水中存在淡黄色、淡绿色无干扰),用 3cm 吸收池测定吸光度,绘制标准曲线。

③ 测定待测水样的吸光度,由标准曲线上查得水样浊度。

本法适用于天然水、饮用水浊度的测定。

(3) 浊度计法　浊度计是依据浑浊液对光散射或透射的原理制成的测定水体浊度的专用仪器,有透射光式浊度仪、散射光式浊度仪和透射光-散射光式浊度仪,一般用于水体浊度的连续自动测定。

3. 矿化度的测定

矿化度是指水中所含无机矿物成分的总量,用于评价水中总含盐量。一般用于天然水的测定,作为被测离子总和的质量检验,但不适用于污染严重、组成复杂的水样。对无污染水样，测得的矿化度与该水样在103～105℃时烘干的总可滤残渣量值相近。测定矿化度方法有重量法、电导法、阴阳离子加和法、离子交换法及密度计法等，较简单而通用的是重量法。

（1）测定原理　水样经过滤去除悬浮物及沉降性固体物，放入已恒重的蒸发皿中，在水浴上蒸干，并用过氧化氢去除有机物，再在105～110℃下烘干至恒重，蒸发皿增加的质量即为矿化度。

（2）测定步骤　取用清洁的玻璃砂芯坩埚或中速定量滤纸过滤的水样50mL，放入烘干至恒重的蒸发皿中，在水浴上蒸干。若残渣有色，滴加过氧化氢数滴，再蒸干，反复多次，直至残渣变为白色或颜色稳定为止。将蒸发皿于105～110℃烘箱中烘至恒重（约2h），称量，记录其质量（g）。

（3）结果计算　水的矿化度可用下式计算：

$$矿化度(mg·L^{-1}) = \frac{m_A - m_B}{V} \times 10^6$$

式中　m_A——蒸发皿及残渣质量，g；
　　　m_B——蒸发皿质量，g；
　　　V——水样体积，mL。

（4）注意事项

① 过氧化物的作用是除去有机物，宜少量多次加，每次使残渣润湿即可，处理至残渣变白为止。有铁存在时，残渣呈黄色，不褪色时停止处理。

② 清亮水样不必过滤。

4. 电导率的测定

（1）电导率概述　溶于水的酸、碱、盐解离成正、负离子，使水溶液具有导电能力，其导电能力用电导率表示。电导率是电阻率的倒数，是电极截面积为$1cm^2$、两电极间距离为1cm时溶液的电导。

电导率的国际制单位是$S·m^{-1}$（西/米），在水质分析中常用$\mu S·cm^{-1}$（微西·厘米$^{-1}$）表示。水溶液的电导率取决于电解质的性质、浓度，溶液的温度和黏度等。一般情况下，溶液的电导率是指25℃时的电导率。不同类型的水其电导率不同。新鲜蒸馏水的电导率为$0.5～2\mu S·cm^{-1}$，但放置一段时间后，因吸收了二氧化碳，其电导率增加到$2～4\mu S·cm^{-1}$；超纯水的电导率小于$0.1\mu S·cm^{-1}$；天然水的电导率多在$50～500\mu S·cm^{-1}$之间；矿化水可达$500～1000\mu S·cm^{-1}$；含酸、碱、盐的工业废水电导率往往超过$1000\mu S·cm^{-1}$；海水的电导率约为$30000\mu S·cm^{-1}$。电导率常用于间接测定水中离子的总浓度或含盐量。

(2) 测定原理 电导率通常是将两个金属片（即电极）插入溶液中，通过测量两电极间电阻率来确定。由于水中含有各种溶解性盐类，并以离子的形式存在，当水中插入一对电极，并通电后，在电场的作用下，带电的离子做定向移动，水中的阴离子移向阳极，阳离子移向阴极，使水溶液起导电作用，水的导电能力的强弱程度称为电导（G）。

根据欧姆定律，在水温一定时，水的电阻（R）与电极的垂直截面积（A）成反比，与电极间的距离（L）成正比，即 $R=\rho(L/A)$，式中 ρ 为电阻率。电导（G）是电阻（R）的倒数，电导率（K）也是电阻率（ρ）的倒数，则有 $K=1/\rho=Q/R$，式中 Q 为电导池常数。若已知电导池常数，只要测出水样的电阻 R 值，即可求出其电导率 K。常用已知电导率的标准 KCl 溶液测定电导池常数，25℃时不同浓度 KCl 溶液的电导率如表 3-4 所示。

表 3-4 不同浓度 KCl 溶液的电导率 (25℃)

浓度/(mol·L^{-1})	电导率/(μS·cm^{-1})	浓度/(mol·L^{-1})	电导率/(μS·cm^{-1})
0.0001	14.94	0.01	1413
0.0005	73.9	0.02	2767
0.001	147	0.05	6668
0.005	717.8	0.1	12900

电导率随温度变化而变化，温度每升高 1℃，电导率增加约 2%，通常规定 25℃为测定电导率的标准温度。若温度不是 25℃，必须进行温度校正，其经验公式为：

$$K_1=K_2[1+a(t-25)]$$

式中 K_1——温度 t 时的电导率；

K_2——25℃下的电导率；

a——各种离子电导率的平均温度系数，定为 0.022。

(3) 电导率仪 电导率常用电导率仪测定。电导率仪由电导池系统和测量仪器组成。电导池是盛放或发送被测溶液的仪器，电导池中装有电导电极和感温元件，电导电极分片状光亮和镀铂黑的铂电极及 U 形铂电极，每一电极有各自的电导常数。

① 常用的电导率仪——DDS-11 型电导率仪是实验室广泛使用的电导率仪之一，其测量范围为 $0\sim10^5\mu$S·cm^{-1}，分 12 个量程，可用于测定一般液体和高纯水的电导率。操作简便，可以直接从表上读取数据，并有 0～10mV 信号输出，可接自动平衡记录仪进行连续记录。配套电极有 DJS-1 型光亮电极、DJS-1 型铂黑电极和 DJS-10 型铂黑电极。光亮电极用于测量较小的电导率

$(0\sim10\mu S\cdot cm^{-1})$，而铂黑电极用于测量较大的电导率（$10\sim10^5\mu S\cdot cm^{-1}$）。通常用铂黑电极，因其表面积较大，可降低电流密度，减少或消除极化。但在测量低电导率溶液时，铂黑对电解质有强烈的吸附作用，出现不稳定的现象，此时宜用光亮铂电极。

② 电导率仪的使用方法 DDS-11A 型电导率仪的面板如图 3-4 所示。其使用方法为：

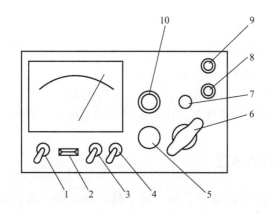

图 3-4　DDS-11A 型电导率仪的面板图

1—电源开关；2—指示灯；3—高、低频开关；4—校正测量开关；5—量程开关；
6—电容补偿调节器；7—电极插口；8—输出插口；9—校正调节器；10—电极常数调节器

a. 观察表针是否指零，若不指零，可调节表头的螺栓，使表针指零。

b. 根据电极选用原则，选好电极并插入电极插口。各类电极要注意调节好配套电极常数。将校正、测量开关拨在"校正"位置。

c. 接通电源后，打开电源开关，此时指示灯亮。预热数分钟，待指针完全稳定后，调节校正调节器，使表针指向满刻度。

d. 根据待测液电导率的大致范围选用低频或高频，并将高频、低频开关拨向所选位置。

e. 将量程选择开关拨到测量所需范围。如预先不知被测溶液电导率的大小，则由最大挡逐挡下降至合适范围，以防表针打弯。

f. 倾去电导池中电导水，将电导池和电极用少量待测液洗涤 2~3 次，再将电极浸入待测液中并恒温。

g. 将校正、测量开关拨向"测量"，这时表头上的指示读数乘以量程开关的倍率，即为待测液的实际电导率。

h. 当用 $0\sim0.1\mu S\cdot cm^{-1}$ 或 $0\sim0.3\mu S\cdot cm^{-1}$ 这两挡测量高纯水时，在电极未浸入溶液前，调节电容补偿调节器，使表头指示为最小值（此最小值是电极铂片间的漏阻,由于此漏阻的存在,使调节电容补偿调节器时表头指针不能达到零点),然后开始测量。

ⅰ. 10mV 的输出可以接到自动平衡记录仪或进行计算机采集。

③ 使用注意事项。

a. 电极的引线不能潮湿,否则测量不准确。

b. 高纯水应迅速测量,否则空气中 CO_2 溶入水中转变为 CO_3^{2-} 离子,使电导率迅速增加。

c. 测定一系列待测溶液的电导率时,应按浓度由小到大的顺序测定。

d. 盛待测溶液的容器必须清洁,无离子沾污。

e. 电极要轻拿轻放,切勿触碰铂黑。

f. 清洗电极后,要用滤纸吸干,切勿损伤电极。

g. 对于电导率不同的体系,应采用不同的电极。

二、金属化合物的测定

水中金属化合物包括钾、钠、钙、镁、铁、铜、锌、镍、锰、汞、铅、镉、铬等,其中有些是人体健康必需的,有些是有害于人体健康的。其毒性大小与金属的种类、理化性质、浓度及存在的价态和形态有关。例如,汞、铅、镉(Ⅵ)及其化合物是对人体健康产生长远影响的有害金属;汞、铅等金属的有机化合物比相应的无机化合物毒性要大得多;可溶性金属要比颗粒态金属毒性大;六价铬比三价铬毒性大等。

测定水中金属化合物常用的方法有分光光度法、原子吸收分光光度法及滴定分析法等,其中滴定分析法用于常量金属的测定。可根据金属离子的含量、特性及共存干扰离子等选择适当的测定方法。

1. 水的硬度的测定

(1) 水的硬度　水的硬度是反映水中钙、镁盐特性的一种质量指标,可分为暂时硬度和永久硬度。水中含有的碳酸氢钙、碳酸氢镁的量叫碳酸盐硬度。由于将水煮沸时,这些盐可分解成碳酸盐沉淀析出,故又称之为暂时硬度。水中含有的钙、镁的硫酸盐及氯化物的量叫非碳酸盐硬度,因为用煮沸方法不能除掉这些盐,故又称为永久硬度。水的暂时硬度和永久硬度的总和(即钙、镁的总量)称为水的总硬度。

世界各国水硬度的表示方法不尽相同,一些国家水硬度的表示方法如表 3-5 所示。我国以前用德国硬度,即以 $mg \cdot L^{-1}$(CaO)作为水硬度的单位,$10mg \cdot L^{-1}$(CaO)为 1 度。水的硬度与水质的关系见表 3-6。现在我国水硬

度是以水中 $CaCO_3$ 的质量浓度或物质的量浓度表示。

表 3-5 一些国家关于水硬度的表示

硬度	表示方法	
德国硬度	10mg·L^{-1}（CaO）	0.178mmol·L^{-1}
法国硬度	10mg·L^{-1}（$CaCO_3$）	0.1mmol·L^{-1}
英国硬度	14.3mg·L^{-1}（$CaCO_3$）	0.143mmol·L^{-1}
美国硬度	100mg·L^{-1}（$CaCO_3$）	1mmol·L^{-1}
中国硬度	10mg·L^{-1}（CaO）	0.178mmol·L^{-1}
	1mg·L^{-1}（$CaCO_3$）	0.01mmol·L^{-1}

表 3-6 水的硬度分级（按德国硬度分类）

总硬度	水质	总硬度	水质
0~4	很软水	16~30	硬水
4~8	软水	>30	很硬水
8~16	中等硬水		

（2）水的硬度的测定 实际上根据测得的水的硬度可以判断水质，常用测定水的硬度的方法有 EDTA 滴定法和原子吸收分光光度法。

① EDTA 滴定法（GB 7477—1987）。本标准方法适用于地下水和地面水中钙和镁的总量的测定，不适用于含盐量高的水（如海水）的测定，测定的最低浓度为 0.05mmol/L。

② 原子吸收分光光度法（GB 11905—1989）。本标准方法适用于地下水、地面水和废水中钙、镁的测定，其测定范围及最低检出浓度见表 3-7。

表 3-7 测定范围及最低检出浓度

检测元素	最低检出浓度/mg·L^{-1}	测定范围/mg·L^{-1}
钙	0.02	0.1~6.0
镁	0.002	0.01~0.6

将试液喷入火焰中，使钙、镁原子化，在火焰中形成的基态原子对特征谱线产生选择性吸收。选用 422.7nm 共振线的吸收测定钙，用 285.2nm 共振线的吸收测定镁。由测得的试样吸光度和标准溶液的吸光度进行比较，确定试样中被测元素的浓度。

原子吸收法测定钙、镁的主要干扰有铝、硫酸盐、磷酸盐及硅酸盐等，它们能抑制钙、镁的原子化，产生干扰，可加入锶、镧或其他释放剂消除干扰。

火焰条件直接影响测定的灵敏度，必须选择合适的乙炔量和火焰高度。试样需检查是否有背景吸收，如有背景吸收应予以校正。

2. 汞的测定

汞及其化合物属于剧毒物质，特别是有机汞化合物，由食物链进入人体，引起全身中毒。天然水含汞极少，一般不超过 $0.1\mu g \cdot L^{-1}$。我国生活饮用水标准限值为 $0.001mg \cdot L^{-1}$，工业污水中汞的最高允许排放浓度为 $0.05mg \cdot L^{-1}$。

地表水汞污染的主要来源是贵金属冶炼、食盐电解制钠、仪表制造、农药、军工、造纸、氯碱工业、电池生产及医院等行业排放的污水。

汞的测定方法有硫氰酸盐法、双硫腙分光光度法、EDTA 配位滴定法、重量分析法、阳极溶出伏安法、气相色谱法、中子活化法、X 射线荧光光谱法、冷原子吸收法、冷原子荧光法等。下面简单介绍冷原子吸收法、冷原子荧光法和双硫腙分光光度法。

(1) 冷原子吸收分光光度法（HJ 597—2011）　总汞：指未经过滤的样品经消解后测得的汞，包括无机汞和有机汞。

本标准适用于地表水、地下水、工业废水和生活污水中总汞的测定。若有机物含量较高，本标准规定的消解试剂最大用量不足以氧化样品中有机物时，则本标准不适用。

在加热条件下，用高锰酸钾和过硫酸钾在硫酸-硝酸介质中消解样品；或用溴酸钾-溴化钾混合剂在硫酸介质中消解样品；或在硝酸-盐酸介质中用微波消解仪消解样品。消解后的样品中所含汞全部转化为二价汞，用盐酸羟胺将过剩的氧化剂还原，再用氯化亚锡将二价汞还原成金属汞。在室温下通入空气或氮气，将金属汞气化，载入冷原子吸收汞分析仪，于 253.7nm 波长处测定响应值，汞的含量与响应值成正比。

(2) 冷原子荧光法　将水样中的汞离子还原为汞原子蒸气，吸收 235.7nm 的紫外光后，激发而产生特征共振荧光，用冷原子荧光测汞仪测量吸收池中的汞原子蒸气吸收特征紫外光被激发后所发射的特征荧光强度。在一定的测量条件下和较低的浓度范围内，荧光强度与汞的浓度成正比。

该方法的检测浓度范围为 $0.05 \sim 1\mu g \cdot L^{-1}$。

(3) 双硫腙分光光度法（GB 7469—1987）　水样于 95℃，在酸性介质中用高锰酸钾和过硫酸钾消解，将无机汞和有机汞转变为二价汞；用盐酸羟胺还原过剩的氧化剂，加入双硫腙溶液，与汞离子生成橙红色螯合物，用三氯甲烷或四氯化碳萃取，再用碱溶液洗去过量的双硫腙，于特征波长（485nm）处测其吸光度，以标准曲线法定量。

该方法适用于生活污水、工业废水和受汞污染的地表水中汞的测定，检测

浓度范围为 $2\sim40\mu g\cdot L^{-1}$。

要注意的是：因汞是极毒物质，双硫腙汞的三氯甲烷溶液切勿丢弃，应加入硫酸破坏有色物，并与其他杂质一起随水相分离后，用氧化钙中和残存于三氯甲烷中的硫酸去除水分，将三氯甲烷重蒸回收，可反复利用。含汞废液可加入氢氧化钠溶液中和至呈微碱性，再于搅拌下加入硫化钠溶液至氢氧化物完全沉淀，沉淀物予以回收或进行其他处理。

3. 镉的测定

镉的毒性很大，可在人体蓄积，主要损害肾脏。镉的主要污染源有电镀、采矿、冶炼、染料、电池和化学工业等排放的污水。多数淡水的含镉量低于 $1\mu g\cdot L^{-1}$，海水中镉的平均浓度为 $0.15\mu g\cdot L^{-1}$。我国规定的生活饮用水含镉最高允许浓度为 $0.01 mg\cdot L^{-1}$，地表水中含镉最高允许浓度为 $0.01 mg\cdot L^{-1}$，渔业用水为 $0.005 mg\cdot L^{-1}$，工业废水中镉的最高允许排放浓度为 $0.1 mg\cdot L^{-1}$。

水中镉的测定方法有原子吸收分光光度法、双硫腙分光光度法、阳极溶出伏安法和示波极谱法，此处仅介绍前两种方法。

(1) 原子吸收分光光度法

① 直接吸入火焰原子吸收分光光度法。将水样或消解处理好的水样直接吸入火焰中测定。共存离子在常见浓度下不干扰测定，钙离子浓度高于 $1000 mg\cdot L^{-1}$ 时抑制镉的吸收。本方法快速、干扰少，适合分析地下水、地表水、污水及受污染的水体，检测浓度范围为 $0.05\sim1 mg\cdot L^{-1}$。

② 萃取或离子交换浓缩火焰原子吸收分光光度法。将水样或消解处理好的水样，在酸性介质中与吡咯烷二硫代氨基甲酸铵（APDC）配合后，再用甲基异丁基甲酮（MIBK）萃取后吸入火焰进行测定。铁含量低于 $5 mg\cdot L^{-1}$ 时不干扰测定。铁含量高时，用碘化钾-甲基异丁基酮萃取体系效果好，萃取时避免日光直射及远离热源。试样中存在强氧化剂时，萃取前应除去，否则会破坏吡咯烷二硫代氨基甲酸铵。

本方法适用于地下水、清洁地表水中镉的测定，检测浓度范围为 $1\sim50\mu g\cdot L^{-1}$。

③ 石墨炉原子吸收分光光度法。将水样直接注入石墨炉内进行测定，该方法灵敏度高，但基体干扰比较复杂。氯化钠对测定有干扰，每 $20\mu L$ 水样需加入 5% 磷酸钠溶液 $10\mu L$，消除基体效应的影响。本方法适合分析地下水和清洁地表水，检测浓度范围为 $0.2\sim2\mu g\cdot L^{-1}$。

(2) 双硫腙分光光度法　在强碱性溶液中，镉离子与双硫腙生成红色螯合物，用三氯甲烷萃取分离后，于 518nm 波长处测定吸光度，与标准溶液比较定量。

该方法适用于分析受镉污染的天然水和各种污水，检测浓度范围（100mL

水样，2cm 吸收池）为 $0.001\sim0.06\text{mg}\cdot\text{L}^{-1}$。

4. 铅的测定

铅是可在人体和动植物组织中蓄积的有毒金属，其主要毒性效应是导致贫血症、神经机能失调和肾损伤等。铅对水生生物的安全浓度为 $0.16\text{mg}\cdot\text{L}^{-1}$。世界范围内，淡水中含铅量为 $0.06\sim120\mu\text{g}\cdot\text{L}^{-1}$，中值 $3\mu\text{g}\cdot\text{L}^{-1}$；海水中含铅量为 $0.03\sim13\mu\text{g}\cdot\text{L}^{-1}$，中值 $0.33\mu\text{g}\cdot\text{L}^{-1}$。铅的主要污染源是蓄电池、五金、冶炼、机械、涂料和电镀工业等排放的废水，铅是我国实施排放总量控制的指标之一。

铅的测定方法有原子吸收分光光度法、双硫腙分光光度法和阳极溶出伏安法或示波极谱法。以下简单介绍双硫腙分光光度法。

测定方法（GB 7470—1987）是在 pH $8.5\sim9.5$ 的氨性柠檬酸盐-氰化物的还原性介质中，铅离子与双硫腙反应生成红色螯合物，用三氯甲烷（或四氯化碳）萃取后，于 510nm 处测定吸光度，求出水样中铅含量。

方法的检测浓度范围（取 100mL 水样，1cm 吸收池时）为 $0.01\sim3\text{mg}\cdot\text{L}^{-1}$，适用于地表水和污水中痕量铅的测定。

5. 铬的测定

铬是生物体所必需的微量元素之一。铬的毒性与其存在的价态有关，铬化合物的常见价态有三价和六价。六价铬具有强毒性，为致癌物质，并易被人体吸收而在体内蓄积。六价铬的毒性比三价铬大 100 倍。铬的工业污染主要来源于铬矿石加工、金属表面处理、皮革鞣制、印染、照相材料等行业的废水。铬是水质污染控制的一项重要指标。

铬的测定可采用原子吸收分光光度法、二苯碳酰二肼分光光度法、等离子发射光谱法和硫酸亚铁铵滴定法。下面只介绍二苯碳酰二肼分光光度法与硫酸亚铁铵滴定法。

(1) 二苯碳酰二肼分光光度法 (GB 7467—1987)

① 六价铬的测定。在酸性介质中，六价铬与二苯碳酰二肼（DPC）反应，生成紫红色配合物，于 540nm 波长处测其吸光度，求出水样中六价铬的含量。

本方法适用于地表水和工业废水中六价铬的测定，方法的检测浓度范围（50mL 水样，1cm 吸收池）为 $0.004\sim1\text{mg}\cdot\text{L}^{-1}$。

② 总铬的测定。用过量的高锰酸钾将水样中的三价铬氧化成六价铬，过量的高锰酸钾用亚硝酸钠分解，过量的亚硝酸钠用尿素分解，再加入二苯碳酰二肼（DPC）与六价铬反应生成紫红色配合物，于 540nm 波长处测定吸光度，求出水样中六价铬的含量。

本方法适用于地表水和工业废水的测定，方法的检测浓度范围（50mL 水样，1cm 吸收池）为 $0.004\sim 1\text{mg}\cdot\text{L}^{-1}$。

注意：清洁地表水可直接用高锰酸钾氧化后测定；水样中含大量有机物时，要用硝酸-硫酸消解。

（2）硫酸亚铁铵滴定法　在酸性溶液中，以银盐作催化剂，用过硫酸铵将三价铬氧化成六价铬。加入少量氯化钠并煮沸，除去过量的过硫酸铵及反应中产生的氯气。以苯基代邻氨基苯甲酸为指示剂，用硫酸亚铁铵溶液滴定，使六价铬还原为三价铬，溶液呈绿色为终点。根据硫酸亚铁铵溶液的浓度和滴定消耗的体积（同样条件下做空白试验），计算水样中铬的含量。

该方法适用于水和污水中高浓度（$>1\text{mg}\cdot\text{L}^{-1}$）总铬的测定。

三、非金属无机物的测定

水体中非金属无机物的监测项目有酸碱度、pH 值、溶解氧、氟化物、氰化物、含氮化合物、硫化物等。

1. pH 值的测定

pH 值可间接地表示水的酸碱性。当水体受到酸碱污染后，pH 值就会发生变化，所以 pH 值的测定是水质分析中最重要的检验项目之一。天然水的 pH 值多在 6~9；饮用水 pH 值要求在 6.5~8.5；某些工业用水的 pH 值必须保持在 7.0~8.5，以防止金属设备和管道被腐蚀。水体的酸污染主要来自冶金、搪瓷、电镀、轧钢、金属加工等工业的酸洗工序和人造纤维、酸洗造纸、酸性矿山排出的废水；碱污染主要来源于碱法造纸、化学纤维、制革、制碱、炼油等工业废水。

pH 值的测定通常采用电位法。此法适用范围较广，水的颜色、浊度、胶体物质、氧化剂、还原剂及较高含盐量均不干扰测定，且准确度较高。

2. 溶解氧（DO）的测定

溶解于水中分子态的氧称为"溶解氧"，用 DO 表示。水中溶解氧的含量随水的深度的增加而减少，也与大气压力、空气中氧的分压及水的温度有关。常温常压下，水中的溶解氧一般为 $8\sim 10\text{mg}\cdot\text{L}^{-1}$。

清洁的地表水溶解氧接近饱和，当水中存在较多水生植物并进行光合作用时，就可能使水中溶解氧过饱和。当水被还原性物质污染时，由于污染物被氧化而耗氧，水中溶解氧就会减少，甚至接近于零，此时厌氧细菌繁殖活跃，水质恶化。当水中溶解氧低于 $4\text{mg}\cdot\text{L}^{-1}$ 时，则水生动物可能因窒息而死亡。在工业上由于溶解氧能使金属氧化而腐蚀加速。因此对水中溶解氧的测定是极其重要的。水中溶解氧的测定常用膜电极法和碘量法。清洁水可直接采用碘量法测定。

(1) 碘量法（GB 7489—1987） 在水样中加入硫酸锰和碱性碘化钾，在碱性条件下，水中的溶解氧将二价锰定量氧化成四价锰，并生成氢氧化物沉淀。加酸后，四价锰又定量氧化碘离子而析出与溶解氧相当量的游离碘。以淀粉为指示剂，用硫代硫酸钠标准滴定溶液滴定游离碘，由下式可计算出水中溶解氧含量：

$$DO(O_2, mg \cdot L^{-1}) = \frac{8cV}{V_{水}} \times 1000$$

式中　c——$Na_2S_2O_3$ 标准溶液的浓度，$mol \cdot L^{-1}$；

　　　V——滴定消耗 $Na_2S_2O_3$ 标准滴定溶液的体积；

　　　$V_{水}$——水样的体积，mL；

　　　8——氧换算值，$g \cdot mol^{-1}$。

本法适用于清洁水、受污染的地表水和工业废水的测定。

(2) 修正的碘量法

① 叠氮化钠修正法。用叠氮化钠（NaN_3）去除水样中亚硝酸盐干扰的碘量法称为叠氮化钠修正法。该方法是在加入硫酸锰和碱性碘化钾的同时，加入 NaN_3 溶液（或配制成碱性碘化钾-叠氮化钠溶液），Fe^{3+} 含量高时，可加入 KF 掩蔽，其他同碘量法。

叠氮化钠是剧毒、易爆试剂，不能将碱性碘化钾-叠氮化钠溶液直接酸化，以免产生有毒的叠氮酸雾。

② 高锰酸钾修正法。试样中含大量亚铁离子（$>1mg \cdot L^{-1}$）而无其他还原剂和有机物时，用 $KMnO_4$ 去除后再测定的方法称为高锰酸钾修正法。此方法是用高锰酸钾将亚铁离子氧化为铁离子，消除干扰，过量的高锰酸钾用草酸钠溶液除去，生成的铁离子用氟化钾（KF）掩蔽。其他同碘量法。

3. 氟化物的测定

氟是人体必需的微量元素之一，缺氟易患龋齿病。饮用水中含氟（F^-）的适宜浓度为 $0.5\sim1.0mg \cdot L^{-1}$。当长期饮用含氟量高于 $1.5mg \cdot L^{-1}$ 的水时，则易患斑齿病，如水中含氟量大于 $4mg \cdot L^{-1}$ 时，则可导致氟骨病。氟化物广泛存在于天然水体中。氟化物的污染源有钢铁、有色冶金、铝加工、焦炭、玻璃、陶瓷、电子、电镀、化肥、农药及含氟矿物等行业排放的工业废水。

氟化物的测定方法有：氟离子选择电极法、氟试剂分光光度法、茜素磺酸锆目视比色法、离子色谱法和硝酸钍滴定法。其中氟离子选择电极法、氟试剂分光光度法应用较为广泛。

(1) 氟离子选择电极法（GB 7484—1987） 以氟离子选择性电极为指示电极，饱和甘汞电极为参比电极，与被测水样组成原电池，以 pH 计（或离子计）测量电池电动势。用标准曲线法或标准加入法定量，求出水样中氟化物的含量。

本法适用于地表水、地下水和工业废水中氟的测定，其检测浓度范围为 $0.05\sim1900\mathrm{mg\cdot L^{-1}}$ 氟化物（以 F^- 计）。

(2) 氟试剂分光光度法（HJ 488—2009） 氟离子在 pH 值为 4.1 的醋酸缓冲溶液中，与氟试剂（1,2-二羟基蒽醌-3-甲胺-N,N-二乙酸，简称茜素氨羧配位剂 ALC）和硝酸镧反应，生成蓝色三元配合物，颜色的强度与氟离子浓度成正比，于 620nm 波长处测定吸光度，用标准曲线法定量，求出水样中氟化物含量（以 F^- 计）。

该法适用于地表水、地下水和工业废水中氟化物含量的测定，方法的测定范围（25mL 试样体积，3cm 吸收池）为 $0.05\sim1.80\mathrm{mg\cdot L^{-1}}$ 氟化物（以 F^- 计）。

4. 氰化物的测定

水体中的氰化物以简单氰化物、配合物和有机氰化物形式存在。其中简单氰化物易溶于水、毒性大；配合物在水体中受 pH 值、水温和光照等影响解离为简单氰化物。氰化物进入人体内，与高铁细胞色素氧化酶结合，生成氰化高铁细胞色素氧化酶而失去传递氧的作用，引起组织缺氧而窒息。地表水一般不含氰化物，其主要污染源有电镀、选矿、焦化、煤气、洗印、石油化工、有机玻璃制造、农药生产等排出的污水。

水体中氰化物的测定方法有容量滴定法、分光光度法和离子选择性电极法等。

(1) 水样的处理 测定前，通常先将水样在酸性介质中进行蒸馏，把能形成氰化氢的氰化物（全部简单氰化物和部分配合物）蒸出，使其与干扰组分分离。常用的蒸馏方法有以下两种。

① 酒石酸-硝酸锌预蒸馏法。在水样中加入酒石酸和硝酸锌，调节 pH 值为 4，加热蒸馏，蒸出的 HCN 用氢氧化钠溶液吸收。取此蒸馏液测得的氰化物为易释放的氰化物。

② 磷酸-EDTA 预蒸馏法。向水样中加入磷酸和 EDTA，在 pH<2 的条件下加热蒸馏，可将全部简单氰化物和除钴氰配合物外的绝大部分配合物以氰化氢的形式蒸馏出来，用氢氧化钠溶液吸收。取该蒸馏液测得的结果为总氰

化物。

(2) 容量滴定法　取一定量预蒸馏溶液，用 pH 试纸检查水样 pH 值，再用 NaOH 溶液调节 pH>11，以试银灵作指示剂，用硝酸银标准溶液滴定，则氰离子与银离子反应生成银氰配离子，稍过量的银离子与试银灵反应，使溶液由黄色变成橙红色，即为终点。同时进行空白试验，根据滴定消耗硝酸银的量可计算出水中氰化物的浓度，其计算公式为：

$$\rho(氰化物)(mg\cdot L^{-1})=\frac{c(V-V_0)\times 52.04}{V_{馏}}\times 1000$$

式中　c——硝酸银标准溶液的浓度，$mol\cdot L^{-1}$；
　　　V——滴定水样消耗硝酸银标准溶液的体积，mL；
　　　V_0——滴定空白样消耗硝酸银标准溶液的体积，mL；
　　　$V_{馏}$——滴定时所取馏出液的体积，mL；
　　　52.04——氰离子（$2CN^-$）的摩尔质量，$g\cdot mol^{-1}$。

方法的检测浓度范围为 $1\sim 100mg\cdot L^{-1}$。

(3) 异烟酸-吡唑啉酮分光光度法　取一定量预蒸馏溶液，调节 pH 至中性，加入氯胺 T 溶液，则氰离子被氯胺 T 氧化生成氯化氰（CNCl）；再加入异烟酸-吡唑啉酮溶液，氯化氰与异烟酸作用，经水解生成戊烯二醛，最后与吡唑啉酮进行缩合反应，生成蓝色染料，在 638nm 波长下，进行吸光度测定，用标准曲线法定量。此法适用于饮用水、地表水、生活污水和工业废水中氰化物的测定，检测浓度范围为 $0.001\sim 0.25mg\cdot L^{-1}$。

(4) 吡啶-巴比妥酸分光光度法　取一定量预蒸馏溶液，调节 pH 为中性，水样中氰离子被氯胺 T 氧化生成氯化氰，氯化氰与吡啶反应生成戊烯二醛，戊烯二醛再与巴比妥酸发生缩合反应，生成红紫色染料，于 580nm 波长处测定吸光度定量。此法适用于饮用水、地表水、生活污水和工业废水中氰化物的测定，其检测浓度范围为 $0.002\sim 0.45mg\cdot L^{-1}$。

四、有机化合物的测定

世界各地的地表水受有机物污染非常严重，已对水中生物、人体健康和生态平衡构成严重的威胁，所以有机化合物的测定对评价水质是十分重要的。

1. 化学需氧量（COD）的测定

化学需氧量是指在一定条件下氧化 1L 水中还原性物质所消耗氧化剂的量，以氧的质量浓度（$mg\cdot L^{-1}$）表示。化学需氧量是表示水体被还原性物质污染程度的主要指标，水中还原性物质包括有机物、亚硝酸盐、亚铁盐、硫化物等，但除自然原因外，污水多数是有机物的污染，故化学需氧量可以作为水中有机物相对含量的指标之一。

测定废水化学需氧量常用的方法有重铬酸钾法、库仑滴定法和高锰酸钾法。

(1) 重铬酸钾法（COD_{Cr}） 本方法是以重铬酸钾为氧化剂测定化学需氧量，用符号 COD_{Cr} 表示，适用于污染较为严重的生活污水和工业废水的测定。

用此法测定时，在水样中加入过量一定量的重铬酸钾标准溶液，并在强酸性介质中以硫酸银为催化剂，加热回流 2h，使重铬酸钾氧化水样的还原性物质，过量的重铬酸钾以试亚铁灵为指示剂，用硫酸亚铁铵标准溶液回滴，同样条件下做空白试验，由滴定消耗的硫酸亚铁铵的量换算成氧的质量浓度，即化学需氧量。其滴定反应为：

$$Cr_2O_7^{2-} + 14H^+ + 6Fe^{2+} \longrightarrow 6Fe^{3+} + 2Cr^{3+} + 7H_2O$$

计算公式为

$$COD_{Cr}(mg \cdot L^{-1}) = \frac{c(V-V_0) \times 8}{V_{样}} \times 1000$$

式中 c——硫酸亚铁铵标准溶液的浓度，$mol \cdot L^{-1}$；

V_0——空白实验消耗硫酸亚铁铵标准溶液的体积，mL；

V——水样测定中消耗硫酸亚铁铵标准溶液的体积，mL；

$V_{样}$——水样体积，mL；

8——(1/4)O_2 的摩尔质量，$g \cdot mol^{-1}$。

(2) 库仑滴定法 在空白溶液（蒸馏水加硫酸）和试样溶液（水样加硫酸）中加入同样量的重铬酸钾溶液，分别进行回流消解 15min，冷却后各加入等量的硫酸铁溶液，在搅拌下进行库仑电解滴定，Fe^{3+} 在工作阴极上还原为 Fe^{2+}（滴定剂）滴定（还原）$Cr_2O_7^{2-}$。由电解产生亚铁离子所消耗的电荷量，依据法拉第电解定律进行结果计算。

其计算公式为

$$COD(O_2, mg \cdot L^{-1}) = \frac{Q_s - Q_m}{96500} \times \frac{8000}{V_{样}}$$

式中 Q_s——标定重铬酸钾溶液（空白试验）所消耗的电荷量，C；

Q_m——测定剩余重铬酸钾所消耗的电荷量，C；

$V_{样}$——水样体积，mL；

8000——(1/4)O_2 的摩尔质量以 mg/L 为单位的换算值；

96500——法拉第常量的数值。

此法简便、快速、试剂用量少,无需标准溶液,能缩短消化时间,氧化率与重铬酸钾法基本一致。适用于地表水和工业废水。当用 3mL 0.05mol·L^{-1} 的重铬酸钾进行标定值测定时,检测浓度范围为 3~100mg·L^{-1}。

(3) 高锰酸钾法(COD_{Mn}) 以高锰酸钾溶液为氧化剂测得的化学需氧量,称高锰酸盐指数,以氧的质量浓度(mg·L^{-1})计,用符号 COD_{Mn} 表示。我国标准仅将酸性重铬酸钾法测得的值称为化学需氧量。

按测定溶液介质的不同,本方法可分为酸性高锰酸钾法和碱性高锰酸钾法。因为在碱性条件下高锰酸钾的氧化能力比酸性条件下稍弱,此时不能氧化水中的氯离子,故常用于测定含氯离子浓度较高的水样。

① 酸性 $KMnO_4$ 法。取一定量水样,加入已知量的高锰酸钾和硫酸,沸水浴加热 30min,高锰酸钾将试样中的某些有机物和无机还原性物质氧化。反应后加入过量的草酸钠还原剩余的高锰酸钾,再用高锰酸钾标准溶液回滴过量的草酸钠。由下式计算得试样中高锰酸盐指数:

$$COD_{Mn} = \frac{(10+V_1)Kc \times 8 \times 1000}{100}$$

式中 V_1——滴定水样过程中消耗 $KMnO_4$ 溶液的体积,mL;

K——$KMnO_4$ 溶液的校正系数,相当于 10.0mL 草酸钠标准溶液的 $KMnO_4$ 溶液的体积 V_2(mL),即 $K=10/V_2$,每毫升 $KMnO_4$ 标准溶液相当于 $Na_2C_2O_4$ 标准溶液的体积(mL);

c——$Na_2C_2O_4$ 标准溶液的浓度,mol·L^{-1};

100——水样体积,mL;

8——1/2 氧原子的摩尔质量,g·mol^{-1}。

国际标准化组织(ISO)建议高锰酸盐指数仅限于测定地表水、饮用水和生活污水。

② 碘化钾-碱性 $KMnO_4$ 法。在碱性条件下,加入一定量过量的高锰酸钾标准溶液于水样中,并在沸水浴上加热反应 1h,以氧化水中的还原性物质(亚硝酸盐除外)。再加入过量的碘化钾还原剩余的高锰酸钾,以淀粉为指示剂,用硫代硫酸钠标准溶液滴定释放出的碘,同时进行空白试验,换算成氧的质量浓度(mg·L^{-1}),用 $COD_{OH\text{-}KI}$ 表示。其计算公式为:

$$COD_{OH\text{-}KI}(mg·L^{-1}) = \frac{(V_1-V_0)c \times 8 \times 1000}{V}$$

式中 V_0——空白试验消耗硫代硫酸钠标准溶液的体积,mL;

V_1——试样消耗的硫代硫酸钠标准溶液的体积,mL;

c——硫代硫酸钠标准溶液浓度，$mol \cdot L^{-1}$；

V——试样体积，mL；

8——1/2 氧原子的摩尔质量，$g \cdot mol^{-1}$。

2. 生化需氧量（BOD）的测定

生化需氧量是在有溶解氧的条件下，好氧微生物在分解水中有机物的生物化学氧化过程中所消耗溶解氧的质量浓度，以 $mg \cdot L^{-1}$ 计，用 BOD 表示。同时也包括还原性无机物质如硫化物、亚铁等氧化所消耗的氧量，但这部分通常占比很小。

目前 BOD 的测定方法有直接培养法、标准稀释法、瓦勃呼吸法、短日时法、电呼吸计法、高温法、活性污泥快速法、相关估算法和微生物传感器法等。但迄今为止，绝大多数国家仍以直接培养法及标准稀释法作为 BOD 标准方法。

（1）五日培养法　有机物的生物化学氧化反应一般分为两个阶段，第一阶段是碳氢化合物氧化为二氧化碳和水，称为碳化阶段；第二阶段是含氮有机物在硝化菌的作用下被氧化为亚硝酸盐及硝酸盐，称为硝化阶段。碳化阶段在 20℃ 以下需 20 天，但 20℃ 时 5 天可达 68%。硝化阶段在 5~7 日后才显著进行，欲达到完全稳定状态，在 20℃ 时需 100 天左右，其时间较长，无实用价值。故目前国内外广泛采用 20℃ 下五天培养法测定 BOD，其测定的消耗氧量称为五日生化需氧量，以 BOD_5 表示，其中一般不包括硝化阶段。

BOD_5 是反映水体被有机物污染程度的综合指标，也是研究污水的可生化降解性和生化处理效果，以及生化处理污水工艺设计和动力学研究中的重要参数。

① 直接培养法。对于污染较小的水样，可直接测定，不必进行稀释。其测定方法是：取水样两份，一份用碘量法测其当时的溶解氧，将另一份注满培养瓶，塞好瓶塞，使其不透气，在（20±1）℃ 下培养 5 天再用碘量法测溶解氧，两者之差即为 BOD_5。其计算公式为

$$BOD_5(mg \cdot L^{-1}) = c_1 - c_2$$

式中　c_1——水样在培养前溶解氧的质量浓度，$mg \cdot L^{-1}$；

c_2——水样经 5 天培养后，剩余溶解氧的质量浓度，$mg \cdot L^{-1}$；

此法适用于 BOD_5 不超过 $7 mg \cdot L^{-1}$ 的水样的测定。

② 标准稀释法。水体发生生物化学过程必备的条件是需氧微生物、足够的溶解氧（要求培养后减少的溶解氧占培养前溶解氧的 40%~70%）、能被微

生物利用的营养物质。水中有机物质越多，生物降解需氧量越多。由于多数水样中含有较多的需氧物质，其需氧量往往超过水中可利用的溶解氧量。测定时需按估计的污染程度加入适量的特制水稀释，然后取稀释后的水样两份，一份测其当时的溶解氧；另一份在 $(20±1)℃$ 下培养 5 天后再测溶解氧，同时测定稀释水在培养前后的溶解氧，按下式计算 BOD_5：

$$BOD_5(mg·L^{-1}) = \frac{(c_1-c_2)-(b_1-b_2)f_1}{f_2}$$

式中　b_1——稀释水（或接种稀释水）在培养前溶解氧的质量浓度，$mg·L^{-1}$；

　　　b_2——稀释水（或接种稀释水）在培养后溶解氧的质量浓度，$mg·L^{-1}$；

　　　f_1——稀释水（或接种稀释水）在培养液中所占比例；

　　　f_2——水样在培养液中所占比例。

此法适用于 $BOD_5>10mg·L^{-1}$ 水样的测定。

a. 稀释水。上述特制的用于稀释水样的水统称为稀释水，是专门为满足水体生物化学过程的三个条件而配制的。要求其氧气含量充分，20℃时 $DO>8mg·L^{-1}$；含有微生物生长所需的营养物质，如 Na^+、K^+、Ca^{2+}、Mg^{2+}、Fe^{3+}、N、P 等；具有一定的缓冲作用，pH 值维持在 7 左右（6.2~8.5），微生物活动能力最强，否则会改变其正常生化作用；稀释水本身的有机物含量低（空白值：$BOD_5<0.2mg·L^{-1}$）。

稀释水的配制方法：取一定体积的蒸馏水，通入经活性炭吸附及水洗处理的空气，曝气 2~8h，使溶解氧接近饱和，达 $8mg·L^{-1}$ 以上，在 20℃下放置数小时，临用前加入少量氯化钙、氯化铁、硫酸镁等用于微生物繁殖的营养物，用磷酸盐缓冲液调节 pH 值至 7.2。

b. 接种稀释水。接种稀释水是在稀释水中加入接种液，以提高水中有机物分解的能力。当水样中微生物很少时，稀释水应进行接种。在生活污水或未加氯的排放水和地表水中存在这些微生物，则不必接种也不应接种。

接种液种类如下。

Ⅰ. 城市污水：一般采用生活污水，在室温下放置一昼夜，取上层清液供用。

Ⅱ. 表层土壤浸出液：取 100g 花园或动植物生长土壤加入 1L 水，混合并静置 10min，取上层清液供用。

Ⅲ. 含城市污水的河水或湖水。

Ⅳ. 污水处理厂的出水。

对于某些含有不易被一般微生物所分解的有机物的工业废水，需要进行微生物的驯化。驯化的微生物种群最好是从接种污水的水体中取得。可在排水口以下 3～8km 处取得水样，经培养接种到稀释水中；也可用人工方法驯化，即采用一定量的生活污水，每天加入一定量的待测污水，连续曝气培养，直至培养成含有可分解污水中有机物的种群为止。

接种稀释水的配制：在每升稀释水中加入生活污水上层清液 1～10mL，或表层土壤浸出液 20～30mL，或河水、湖水 10～100mL，调节 pH=7.2，BOD_5 在 $0.3～10mg \cdot L^{-1}$ 之间为宜。配制后立即使用。

（2）其他方法　目前测定 BOD 值常采用 BOD 测定仪，其操作简单，重现性好，并可直接读取 BOD 值。

① 检压库仑式 BOD 测定仪在密封系统中氧气量的减少可以用电解来补给，由电解所需电荷量求得氧的消耗量，仪器可自动显示测定结果。

② 测压法测定密封系统中由于氧量的减少而引起的气压变化，直接读取测定结果。

③ 微生物电极法用薄膜式溶解氧电极求得生化过程中氧的消耗量，用标准 BOD 物质溶液校准后，直接显示 BOD 值。

3. 挥发酚的测定

酚类为原生质毒物，属高毒类物质，在人体富集时出现头痛、贫血，水中酚浓度达 $5g \cdot L^{-1}$ 时，会使水生生物中毒。天然水中酚含量极微，但受某些工业废水污染的饮用水及水源水则可能含有酚类化合物。酚类污染物主要来自炼油厂、洗煤厂和炼焦厂等。生活饮用水标准要求水中挥发酚＜$0.002mg \cdot L^{-1}$。

根据酚类能否与水蒸气一起蒸出，将其分为挥发酚（沸点在 230℃ 以下）与不挥发酚（沸点在 230℃ 以上）。挥发酚类的测定方法有容量法、分光光度法、色谱法等。最广泛应用的是 4-氨基安替比林分光光度法，对高浓度含酚废水可采用溴化容量法。无论采用哪种方法，当水样中含有氧化剂、还原剂、油类及某些金属离子时，均应设法消除并进行预蒸馏。预蒸馏的作用是分离出挥发酚，消除颜色、浑浊及金属离子等的干扰。

（1）4-氨基安替比林直接分光光度法（HJ 503—2009）　pH 值为 $10.0±0.2$ 的介质中，在铁氰化钾的存在下，酚类化合物与 4-氨基安替比林（4-AAP）反应，生成橙红色的吲哚酚安替比林染料，显色后，在 30min 内，在 510nm 波长处测其吸光度定量。该法所测酚类不是总酚，而只是与 4-AAP 显色的酚，并以苯酚为标准，结果以苯酚计。其检测浓度范围为 $0.04～2.50mg \cdot L^{-1}$。

(2) 4-氨基安替比林萃取分光光度法（HJ 503—2009） 酚类化合物于 pH 值为 10.0±0.2 的介质中，在铁氰化钾存在下，与 4-氨基安替比林反应，生成橙红色的吲哚酚安替比林染料，用三氯甲烷萃取，在 460nm 波长处测其吸光度定量。其检测浓度范围为 $0.001\sim0.04\text{mg}\cdot\text{L}^{-1}$。

(3) 溴化滴定法　在含过量溴（由溴酸钾和溴化钾反应产生）的溶液中，酚与溴反应生成三溴酚，进一步生成溴代三溴酚。剩余的溴与 KI 作用产生游离碘，用硫代硫酸钠标准滴定溶液滴定释放出的游离碘，并根据其消耗量，计算以苯酚计的挥发酚含量。

第四章

煤质分析

煤的组成十分复杂，用途很多，不仅是人类生活所需热能的重要供给源之一，也是化学工业和冶金工业生产的重要原料。本章是针对煤质分析的技术讲解。

第一节　煤的工业分析

一、煤的组成与分类

1. 煤的组成

煤是一种自然矿物，是由一定地质年代生长的植物在适宜的地质环境下，经过漫长岁月的生物化学作用和物理作用形成的生物岩。

煤含可燃物和不可燃物两部分。可燃物主要包括有机质和少量的矿物质；不可燃物包括水和大部分矿物质，像碱金属、碱土金属、铁和铝等的盐类。

煤包含很多种元素，主要有碳、氢、氧、氮、硫五种，其中碳是组成煤大分子的骨架，在各元素中含量最高，一般大于70%，随着煤化程度的不断增高，煤中碳元素的含量也越来越高，如某些超无烟煤，碳含量可超过97%；氢是煤中第二个重要的组成元素，它在煤中的质量分数为1%~6%，越是年轻的煤，其含量也越高；氧元素是组成煤有机质的十分重要的元素，越是年轻的煤，氧元素的比例也越大，发热量常随氧元素含量的增高而降低，其含量从1%到30%均有；氮元素在煤中的比例较小，一般为0.5%~3%；硫元素也是组成煤的有机质的一种常见元素，它在煤中含量的多少，与煤化程度的高低无明显关系，其含量从最低的0.1%到最高的10%均有。

煤的元素组分不同，不但能反映出煤化程度，而且也直接表征出煤性质的不同。如碳含量低、氧含量高的煤，多是黏结性很差或是没有黏结性的年轻煤；碳含量高、氧含量低的煤则常是一些无黏结性的年老煤，只有碳含量在84%~88%，氢含量在5%以上的中等变质程度的煤，才是结焦性较好的炼焦用煤。

2. 煤的分类

煤的种类繁多，质量也相差较大，不同类型的煤有不同的用途。

如结焦性好或黏结性好的煤是优质的炼焦用煤，热稳定性好的无烟块煤是合成氨厂的主要原料，挥发分和发热量都高的煤是较好的动力用煤，一些低灰、低硫的年轻煤则是加压气化制造煤气和加氢液化制取人造液体燃料的较好原料。

煤的分类方法很多，按煤的成因、成煤的原始植物、煤的工业使用方法、煤的组分结构等进行分类。我国的分类法是以炼焦用煤为主的工业分类法。

新的煤分类国家标准把我国的煤从褐煤到无烟煤之间共划分为14个大类和17个小类。常见煤的种类见表4-1。

表4-1 常见煤的种类

项目	无烟煤(WY)			褐煤(HM)		烟煤(YM)									
具体类型	年老煤	典型煤	年轻煤	年老煤	年轻煤	贫煤	贫瘦煤	瘦煤	焦煤	肥煤	气肥煤	气煤	1/3焦煤	1/2中黏煤	弱黏煤	不黏煤	长焰煤

无烟煤主要是按照各小类工艺利用特性的不同而划分，褐煤是根据性质和利用特征不同而划分的。

无烟煤为煤化程度最深的煤，固定碳含量高，一般在90%以上；挥发分产率低，一般在10%以下，有时把挥发物含量较大的称作半无烟煤，特小的称作高无烟煤，一般大于6.5%且小于10%的称为无烟煤三号。01号无烟煤为年老无烟煤；02号无烟煤为典型无烟煤；03号无烟煤为年轻无烟煤。发热量高，热值6000~6500kcal·kg^{-1}（25000~27170kJ·kg^{-1}）；灰分不多，水分较少，密度大，硬度大，燃点高，燃烧时火焰短，呈青蓝色，少烟或不冒烟。黑色坚硬，有金属光泽。以脂摩擦不致染污，断口成贝壳状，燃烧时不结焦，无胶质层。

无烟煤中年轻煤的碳含量为90%~94%，氢含量为3.4%~4.0%，氧含量为1.0%~3.3%，氮含量为0.8%~1.8%；典型煤的碳含量为92%~95%，氢含量为1.9%~3.2%，氧含量为0.8%~2.4%，氮含量为0.5%~1.5%；年老煤的碳含量为94.5%~98%，氢含量为0.5%~2.3%，氧含量为

0.4%~2.5%，氮含量为0.3%~1.4%。

褐煤多呈褐色或褐黑色，富含挥发分（>40%），所以易于燃烧并冒烟（燃点270℃左右）。剖面上可以清楚地看出原来木质的痕迹（由裸子植物形成）。含有可溶于碱液内的腐植酸。含碳量为60%~77%，密度为1.1~1.2g·cm^{-3}，挥发成分大于40%。无胶质层。恒湿无灰基高位发热量为23.0~27.2MJ·kg^{-1}（或5500~6500kcal·kg^{-1}），相对密度为1.2~1.45，灰分为15%~35%。

大部分烟煤具有黏结性，燃烧时火焰高而有烟，故名烟煤。烟煤含碳量为75%~90%，挥发分为10%~40%（一般随煤化程度增高而降低），不含游离的腐植酸，大多数具有黏结性，发热量高。燃烧时火焰长而多烟，多数能结焦。密度为1.2~1.5g·cm^{-3}，热值为27170~37200kJ·kg^{-1}（6500~8900kcal·kg^{-1}）。挥发分含量中等的称作中烟煤，较低的称作次烟煤。燃烧时火焰较长而有烟，煤化程度较大。外观呈灰黑色至黑色，粉末从棕色到黑色，由有光泽的和无光泽的部分互相集合合成层状。

3. 对工业用煤的要求

工业用煤的主要用途是燃烧、炼焦和造气等，也可作为化工原料。国家对冶金焦用煤有专门的质量标准，肥煤、气煤灰分：1~13级（不大于5.5%为一级，每增加0.5%提高一级）；硫分：1组不大于0.5%，2组0.51%~1%，3组1.01%~1.5%；水分：1号不大于9%，2号9.0%~10%，3号10.0%~12.0%。焦煤、瘦煤灰分级别为11.5%。为了得到强度高及灰分、硫分低的优质冶金用焦，对炼焦用煤有以下要求：有较强的结焦性或黏结性，灰分要低（$A_d \leqslant 10\%$），硫分要低[$w(S)<1.0\%$]，磷分要低[$w(P)<0.02\%$]，挥发分要合适，以保证获得高强度、低杂质的优质焦炭。

炼焦是将煤放在干馏炉中加热，随着温度的升高（最终达到1000℃左右），煤中有机质逐渐分解。其中，挥发性物质呈气态或蒸气状态逸出，成为煤气和煤焦油，残留下的不挥发性产物就是焦炭。焦炭在炼铁炉中起着还原、熔化矿石，提供热能和支撑炉料，保持炉料透气性能良好的作用。因此，炼焦用煤的质量要求，是以能得到机械强度高、块度均匀、灰分和硫分低的优质冶金焦为目的，炼焦的副产品有焦炉煤气和煤焦油。

在建材工业中，水泥、玻璃、陶瓷、砖瓦、石灰等建筑材料，都要经过各种炉窑焙烧、煅烧甚至熔化等高温处理，而煤炭是主要的燃料，其中水泥工业对煤质要求最高，尤其是年产水泥20万吨以上的大、中型水泥厂的回转窑烧成用煤。因煤的灰分大小及其煤灰的组成成分直接影响水泥的配料，通常要求灰分低、煤灰成分稳定。如灰分太高，发热量就低，达不到熟料的烧成温度1450℃以上（要求燃料火焰温度达1600~1700℃）。

二、煤的分析项目

煤的分析检验，根据目的不同，一般可分为工业分析、元素分析及其他分析。

1. 工业分析

煤的工业分析又叫技术分析或实用分析，是评价煤的基本依据，是了解煤的性质和用途的重要指标，如水分和灰分高的煤，它的有机质含量就少，发热量低，经济价值就小。通常水分、灰分、挥发分产率都直接测定，固定碳不作直接测定，而是用差减法进行计算。有时也将上述四个测定项目叫作半工业分析，再加上煤的发热量和全硫测定，则称为全工业分析。

根据煤的工业分析结果，如水分、灰分、挥发分及其焦砟特征等指标，可初步了解煤的经济价值和某些基本特征、煤中有机质含量，并能较可靠地算出煤的高位发热量和低位发热量，从而初步判断煤的种类、加工利用效果和工业用途。其中水分、灰分含量高的煤，有机质含量就低，发热量也低，经济价值就小；煤中全硫分析是确定炼焦用烟煤的重要指标，通过全硫分析能预测硫燃烧后的危害情况；对于合成氨工业，空气干燥基的固定碳含量（FC_{ad}）是评价无烟煤用于制造合成气（半水煤气）时经济价值的一个重要指标；煤的外在水分和全水分，不仅影响动力用煤的低位发热量，而且还与煤的运输与储存等都有着十分密切的关系。

2. 元素分析

煤的元素分析主要测定煤中碳、氢、氧、氮、硫等元素，元素分析的结果是对煤进行科学分析的主要依据，能够很好地表明煤的固有组分，也是工业上作为计算发热量、干馏产物的产率、热量平衡的依据。如动力燃料用煤需要有元素分析数据，用于锅炉设计、计算煤燃烧过程中的理论烟气量和空气消耗量及热平衡。在特定情况下，还需要进行磷、砷、氯、氟、汞等元素的分析，甚至需要对其中可能存在的稀有金属进行分析，如锗、镓、铀、钡、钽等。有时还需要对煤燃烧后的煤灰组分做分析，如分析其中的 SiO_2、Al_2O_3、Fe_2O_3、CaO、MgO、Na_2O、K_2O、MnO 等组分的含量。煤种类不同，煤灰成分变化很大，如黄铁矿含量很高的煤，其煤灰中 Fe_2O_3 量可达 50%～60%，有些煤灰中 Al_2O_3 含量可达 40%，也有 CaO 含量达 30% 以上的煤灰，因此可从煤灰分析结果大致推测原煤的矿物组成，并为动力煤的灰渣利用提供基础资料。

3. 其他分析

如进行伴生元素分析，煤中的伴生元素很多，但一般是指有提取价值的如锗、镓、铀、钽等常见的稀有元素。

如煤中的锗含量在 $20\mu g \cdot g^{-1}$ 以上时,即有一定的提取价值,可计算储量;镓含量在 $50\mu g \cdot g^{-1}$ 以上和铀含量在 $300\sim500\mu g \cdot g^{-1}$ 以上时,也有提取价值。

三、煤的具体工业分析

煤的工业分析通常指半工业分析,包括水分、灰分、挥发分和固定碳的分析。

1. 常用的符号和基准

(1) 煤分析项目及符号　见表 4-2。

表 4-2　煤分析项目及符号

项目	水分	灰分	挥发分	固定碳	发热量	矿物质
符号	M	A	V	FC	C	MM
英文	moisture	ash	volatile compound	fixed carbon	quantity of produced heat	mineral matter

(2) 煤分析常用指标及符号　见表 4-3。

表 4-3　煤分析常用指标及符号

项目	外在或游离	内在	全	高位	低位	恒容	恒压
符号	f	inh	t	gr	net	V	P
英文	free	inherence	total	graviation	nether	volume	pressure

(3) 各种基准的标准符号　基准是指煤样所处的状态。用不同状态的煤样进行分析实验,将得出不同的结果,所以基准又是用以计算和表达测定值的主要依据之一。

① 收到基 (as received, ar)。就其含义而言,是从收到的一批煤样中取出具有代表性的煤样,以此种状态的煤样测定的结果并以此基表示的值。

② 空气干燥基 (air dry, ad)。空气干燥基是指煤样所处环境与水蒸气压达到平衡时的煤样。在新标准中规定:煤样若在空气中连续干燥 1h 后质量变化不超过 0.10%,则认为达到空气干燥状态。

③ 干基 (dry, d)。以无水状态的煤样为标准的分析结果表示方法。

④ 干燥无灰基 (dry-ash-free, daf)。它是以假想的无水无灰状态的煤为基准的分析结果表示方法,是煤中除去水分和灰分后,余下的成分,即为可以燃烧发热提供能量的部分。

⑤ 干燥无矿物质基（dry mineral matter free，dmmf）。假想无水、无矿物质状态的煤为基准的分析结果表示方法。

2. 煤的采样和制样

煤样：为确定某些特性而从煤中采取的、具有代表性的一部分煤。

采样：采取煤样的过程。

子样：采样器具操作一次或截取一次煤流分断面。

在煤堆上采取煤样是比较困难的。由于煤堆表层的煤受到氧化和风化，以及受空气中湿度的影响，致使煤堆内层煤的水分和氧化程度都与表层不同。放置时间长的煤堆，在表层煤中也有增加外来矿物质的可能，从而使灰分产率增高。再由于受离析作用的影响，归堆时大块煤和矸石聚集在表层和堆底部，细碎的聚集在上层和堆中心，更加大了煤堆中煤质的不均匀性。另外，由于煤场堆中的煤总是边出库边入库，每次入库的煤，灰分都不尽相同。这就会造成堆垛中煤的灰分不一致。那么怎么样保证被采取的煤样有足够的代表性呢？应该在采样点上，先除去0.1m的表层煤，然后边挖边采。

一般的煤场储存场地都不是很宽，接卸时不可能分矿、分级立垛保管。久而久之，煤堆中的煤质越发复杂了。欲使煤样尽量代表整个煤堆的总体面貌，就需要大面积、均匀地确定若干子样部位。确定子样部位的方法就是下面所要介绍的从煤堆上采取煤样的方法。

(1) 采取方法　无论对形状规则或不规则的煤堆，在采取煤样时，都要选择一个面为采取面。从离堆底0.5m处开始画线。往上每隔1m画一条横线，从采取面的一侧向另一侧每隔1m画一条纵线，这样就会在整个采取面上形成若干横线和纵线的交叉点。就在这若干个交叉点中选择出子样的采取点。选择的方法是：凡奇数横线与奇数纵线的交叉点，偶数横线与偶数纵线的交叉点，均为子样采取点。

把选择出来的子样采取点连接起来看，好像是重叠着的若干个梅花花瓣。因此，把这样的采样方法叫作梅花采样法。

(2) 采取量　挖坑深度为0.4m，煤堆表面的煤不宜采作子样。因为堆表面的煤在空气中经受了不同程度的氧化后，性质也逐渐变化。每个子样的质量不低于2kg。取样铲的使用角度与煤堆表面呈垂直状。遇到矸石、大块、黄铁矿时不可以随意舍弃。

为保证焦炭质量，选择炼焦用煤的最基本要求是挥发分、黏结性和结焦性；绝大部分炼焦用煤必须经过洗选，以保证尽可能低的灰分、硫分和磷含量。选择炼焦用煤时，还必须注意煤在炼焦过程中的膨胀压力。用低挥发分煤炼焦，由于其胶质体黏度大，容易产生高膨胀压力，会对焦炉砌体造成损害，需要通过配煤炼焦来解决。

煤炭焦化产品和用途：煤经焦化后的产品有焦炭、煤焦油、煤气和化学产品三类。

① 焦炭。炼焦最重要的产品，大多数国家的焦炭90%以上用于高炉炼铁，其次用于铸造与有色金属冶炼工业，少量用于制取碳化钙、二硫化碳、元素磷等。在钢铁联合企业中，焦粉还用作烧结的燃料。焦炭也可作为制备水煤气的原料和合成用的原料气。

② 煤焦油。焦化工业的重要产品，其产量占装炉煤的3%~4%，其组成极为复杂，多数情况下是由煤焦油工业专门进行分离提纯后加以利用。

③ 煤气和化学产品。氨的回收率占装炉煤的0.2%~0.4%，常以硫酸铵、磷酸铵或浓氨水等形式作为最终产品。粗苯回收率占煤的1%左右。其中苯、甲苯、二甲苯都是有机合成工业的原料。硫及硫氰化合物的回收，不但提高了经济效益，同时也保护了环境。经过净化的煤气属中热值煤气，每吨煤产炼焦煤气$300\sim400m^3$，其质量占装炉煤的16%~20%，是钢铁联合企业中的重要气体燃料，其主要成分是氢和甲烷，可分离出供化学合成用的氢气以及代替天然气的甲烷。

3. 水分的测定

煤中水分直接影响煤的经济价值，含量越多，煤的无用成分也越多，有用成分越少，而且它在煤燃烧时要吸收大量的热成为水蒸气蒸发掉。同时影响煤的运输和储存，还可与SO_2等作用生成H_2SO_3腐蚀设备。所以煤的水分是评价煤炭经济价值的最基本的指标，煤的水分越低越好。

（1）煤中水分的存在形态

① 化合水。化合水是指以化合方式和煤中矿物质结合的水，即通常所说的结晶水，例如存在于石膏（$CaSO_4 \cdot 2H_2O$）中的结晶水、高岭土（$Al_2O_3 \cdot 2SiO_2 \cdot H_2O$）中的结晶水。化合水为煤的固有组成部分，在煤中所占比重很小，可以忽略不计，工业分析中一般不测化合水。化合水要在200℃以上才能分解析出。

② 游离水。游离水是指以物理形式（如附着、吸附等形式）和煤结合的水。根据存在的不同结构状态，分为以下两种：

a. 外在水分（M_f）。外在水分又称为自由水或表面水，是附着在煤颗粒表面或存在于煤中孔径大于10^{-5}cm的毛细孔中易蒸发除去的水分，是煤在开采、运输、储存和洗选过程中融入的，蒸气压与纯水的蒸气压相同，在空气中（温度20℃，相对湿度65%）风干1~2天即可蒸发失去，所以这种水分又称为风干水分（即在一定条件下煤样与周围空气湿度达到平衡时所失去的水分），除去了外在水分的煤称为风干煤。外在水分的测定是在不破坏煤中毛细孔的前提下进行的，试样通过风干或在 45~50℃ 温度下干燥一段时间后，进行称量和减重计算得到，外在水分的含量记为 M_f。用于测定外在水分的试样，粒度小于 13mm 即可。

b. 内在水分（M_{inh}）。内在水分是指被吸附或凝聚在煤粒内部的毛细孔（直径 $<10^{-5}$ cm）中的难以蒸发除去的水分。内在水分蒸气压低于纯水的蒸气压，需要在高于水的正常沸点的温度下才能除尽，故又称为烘干水分。除去了内在水分的煤称为干燥煤。内在水分的测定，是把外在水分测定后的试样研细，至粒度小于 3mm，在 102~105℃ 温度下干燥 1.5h 冷却称重，重复直到恒重，计算内在水分的含量，内在水分记为 M_{inh}。

(2) 煤中全水分（M_t 或 M_{ar}）的测定　煤的外在水分和经过换算的内在水分之和称为全水分或应用基水分，记为 M_t 或 M_{ar}。它们之间不是一个简单的加和关系，因为测定 M_f 和 M_{inh} 时各自的基准不同，其换算关系式为：

$$M_t = M_f + \frac{100\% - M_f}{100\%} \times M_{inh}$$

实际测定全水分时不必分别测定外在水分和内在水分，可直接将试样粉碎至粒度直径小于 3mm，然后称取试样在 102~105℃ 温度下干燥至恒重，称量并计算出全水分的含量。

国家标准（GB/T 211—2017）规定，煤中全水分测定有五种常用方法，其中在氮气流中干燥的方式（方法 A1 和方法 B1）适用于所有煤种；在空气流中干燥的方式（方法 A2 和方法 B2）适用于烟煤（易氧化的煤除外）和无烟煤。以方法 A1 作为仲裁方法。A 法和 B 法测定时间长。

① 测定试剂。纯度 ≥99.9% 氮气（含氧量<0.01%）；粒状无水氯化钙（HGB 3208，化学纯）；工业用变色硅胶。

② 仪器设备。小空间通氮干燥箱：箱体严密，可容纳适量的称量瓶，具有较小的自由空间，有气体进出口，并带有自动控温装置，能保持温度在 105~110℃ 范围内。

空气干燥箱：带有自动控温和鼓风装置，能保持温度在 30~40℃ 和 105~110℃ 范围内，有气体进出口，有足够的换气量，如每小时可换气 5 次以上。

浅盘：由镀锌铁板或铝板等耐热、耐腐蚀材料制成，其规格应能容纳 500g 煤样，且单位面积负荷不超过 1g·cm^{-2}。

直径 40mm、高 25cm 的玻璃称量瓶；干燥器，内装变色硅胶或粒状无水氯化钙；容量 250mL、内装变色硅胶或粒状无水氯化钙的干燥塔；量程为 100~1000mL·min^{-1} 的流量计；分度值 0.001g 的分析天平。

③ 方法 A（两步法）。

a. 外在水分测定（方法 A1 和 A2，空气干燥）。迅速称取直径小于 13mm 的煤样（500±10）g，精确到 0.1g，平摊在预先干燥和已经称量过的浅盘中，于环境温度或不高于 40℃的空气干燥箱中干燥到质量恒定（连续干燥 1h，质量变化不超过 0.5g），记录恒定后的质量（称至 0.1g），对于使用空气干燥箱干燥的情况，称量前需使煤样在实验室环境中重新达到湿度平衡。

按下式计算外在水分：

$$M_f = \frac{m_1}{m} \times 100\%$$

式中　M_f——煤样的外在水分，用质量分数表示，%；
　　　m——称取的直径小于 13mm 的煤样质量，g；
　　　m_1——煤样干燥后减轻的质量，g。

b. 内在水分测定（方法 A1，通氮干燥）。立即将测定外在水分后的煤样破碎到粒度直径小于 3mm，迅速称取（10±1）g 煤样，称准至 0.001g，平摊在预先干燥和已称量过的称量瓶中。打开称量瓶盖，放入预先通入干燥氮气并已加热到 105～110℃的通氮干燥箱中，氮气每小时换气 15 次以上。烟煤干燥 1.5h，褐煤和无烟煤干燥 2h。

从干燥箱中取出称量瓶，立即盖上盖，在空气中放置约 5min，然后放入干燥器中，冷却到室温（约 20min），称量，称准至 0.001g。

进行检查性干燥，每次 30min，直到连续两次干燥煤样的质量减少不超过 0.01g 或质量增加时为止。在后一种情况下，采用质量增加前一次的质量作为计算依据。内在水分在 2%以下时，不必进行检查性干燥。

按下式计算内在水分：

$$M_{inh} = \frac{m_3}{m_2} \times 100\%$$

式中　M_{inh}——煤样的内在水分，用质量分数表示，%；
　　　m_2——称取的测定外在水分后的煤样质量，g；
　　　m_3——煤样干燥后减轻的质量，g。

c. 内在水分测定（方法 A2，空气干燥）。除将通氮干燥箱改为空气干燥箱外，其他操作步骤同内在水分测定方法 A1，通氮干燥。

按下式计算煤中全水分：

$$M_t = M_f + \frac{100 - M_f}{100} \times M_{inh}$$

式中　M_t——煤样的全水分，用质量分数表示，%；
　　　M_f——煤样的外在水分，用质量分数表示，%；

M_{inh}——煤样的内在水分,用质量分数表示,%。

④ 方法 B（一步法）。

a. 方法 B1（通氮干燥）。在预先干燥和已称量过的称量瓶内迅速称取粒度直径小于 6mm 的煤样 10~12g,称准至 0.001g,平摊在称量瓶中。打开称量瓶盖,将称量瓶放入预先通入干燥氮气并已加热到 105~110℃的通氮干燥箱中,烟煤干燥 2h,褐煤和无烟煤干燥 3h。

从干燥箱中取出称量瓶,立即盖上盖,在空气中放置约 5min,然后放入干燥器中,冷却到室温（约 20min）,称量,称准至 0.001g。

进行检查性干燥,每次 30min,直到连续两次干燥煤样的质量减少不超过 0.01g 或质量增加时为止。如果是后一种情况,则采用质量增加前一次的质量作为计算依据。

b. 方法 B2（空气干燥）。粒度直径小于 13mm 煤样的全水分测定：

在预先干燥和已称量过的浅盘内迅速称取粒度直径小于 13mm 的煤样 (500 ± 10)g,称准至 0.1g,平摊在浅盘中。将浅盘瓶放入预先加热到 105~110℃的空气干燥箱中,在鼓风条件下,烟煤干燥 2h,无烟煤干燥 3h。

将浅盘取出,趁热称量,称准至 0.1g。

进行检查性干燥,每次 30min,直到连续两次干燥煤样的质量减少不超过 0.5g 或质量增加时为止。如果是后一种情况,采用质量增加前一次的质量作为计算依据。

粒度直径小于 6mm 煤样的全水分测定：

将方法 B1 中的通氮干燥箱改为空气干燥箱,其他操作步骤同方法 B1。

c. 结果计算。按下式计算煤中全水分：

$$M_t = \frac{m_1}{m} \times 100\%$$

式中 M_t——煤样的全水分,用质量分数表示,%；

m——称取的煤样质量,g；

m_1——煤样干燥后的质量损失,g。

d. 试样水分损失补正。需要进行水分补正时,则按下式求出补正后的全水分值。

$$M_t' = M_1 + \frac{100 - M_1}{100} \times M_t$$

式中 M_t'——补正后的煤中全水分,用质量分数表示,%；

M_1——试样的水分损失,用质量分数表示,%；

M_t——按 c 或 d 中式子计算得出的全水分,用质量分数表示,%。

e. 制样过程空气干燥的水分损失补正。如在制备全水分试样前,对煤样进行了空气干燥,造成煤样质量损失,则按下式求出补正后的全水分值。

$$M_t'' = X + \frac{100-X}{100} \times M$$

式中　M_t''——补正后的全水分,用质量分数表示,%;
　　　X——制样中空气干燥时煤样的质量损失率,用质量分数表示,%;
　　　M——按 c 或 d 中计算的全水分,用质量分数表示,%。

⑤ 方法 C（微波干燥法）。称取一定量的 6mm 的煤样,置于微波炉内。煤中水分子在微波发生器的交变电场作用下,高速振动产生摩擦热,使水分迅速蒸发。根据煤样干燥后的质量损失计算出全水分。按微波干燥水分测定仪说明书进行准备和调节。

在预先干燥和已称量过的称量瓶内迅速称取粒度直径小于 6mm 的煤样 10～12g,称准至 0.001g,平摊在称量瓶中。打开称量瓶盖,放入测定仪旋转盘的规定区内。关上门,取出称量瓶,立即盖上盖,在空气中放置约 5min,然后放入干燥箱中,冷却至室温（约 20min）,称量（称准至 0.001g）。如果仪器有自动称量装置,则不必取出称量。

⑥ 甲苯蒸馏法（有机溶剂蒸馏法）。甲苯蒸馏法是测定水分的较精确的方法,两种互不相溶的液体混合物的沸点低于其中易挥发组分的沸点,如苯和水,两者在 101325Pa（760mmHg）气压下,沸点分别为 80.4℃ 和 100℃,其混合物的沸点为 69.13℃,此时苯的蒸气压为 7.1234×10^4 Pa,水的蒸气压为 3.0090×10^4 Pa,两者之和为 1.0133×10^5 Pa,沸腾时两者同时蒸发。由此可利用混合物的这种性质,在远比水的沸点低的温度下使水蒸发。

有机溶剂蒸馏法适用于在高温下易分解的有机物中水分的测定,方法对有机溶剂有一定的要求,必须与水互不相溶,常温下相对密度小于 1,不能与被测物质之间发生任何化学反应。常用的有机溶剂有汽油、苯、甲苯、二甲苯和其他惰性有机碳氢化合物。有机溶剂的作用是降低体系的沸点,使水容易蒸馏出来,蒸出的水分可被溶剂带走。

称取一定量的粒度直径小于 0.2mm 的空气干燥煤样于圆底烧瓶中,加入甲苯摇匀,共同煮沸。分馏出的液体收集在水分测定管中并分层,量出水的体积（mL）,以水的质量占煤样质量的百分数作为水分含量。

a. 主要仪器、设备。最大称量为 200g,感量为 0.001g 的分析天平;单盘或多联,并能调节温度的电炉;直形,管长 400mm 左右的冷凝管;直径 3mm 左右的小玻璃球（或碎玻璃片）。

水分测定管:量程 0～10mL,分度值 0.1mL（水分测定管须经过校正,每毫升校正一点,并绘出校正曲线方能使用）;10mL、分度值为 0.05mL 的微量滴定管;500mL 的圆底蒸馏烧瓶。

蒸馏装置：由冷凝管、水分测定管和圆底蒸馏烧瓶构成，各部件连接处应具有磨口接头。

b. 分析步骤。

第一，称取 25g、粒度为 0.2mm 以下的空气干燥煤样，精确至 0.001g，移入干燥的圆底烧瓶中，加入约 80mL 甲苯摇匀，共同煮沸。为防止喷溅，可放适量碎玻璃片或小玻璃球。安装好蒸馏装置。

第二，在冷凝管中通入冷却水。加热蒸馏瓶至内容物达到沸腾状态。控制加热温度使在冷凝管口滴下的液滴数为每秒 2~4 滴。连续加热，直到馏出液清澈并在 5min 内不再有细小水泡出现时为止。

第三，取下水分测定管，冷却至室温，读数并记下水的体积，并按校正后的体积从回收曲线上查出煤样中水的实际体积（V）。

c. 回收曲线的绘制。用微量滴定管准确量取 0mL、1mL、2mL、3mL、⋯、10mL 蒸馏水，分别放入蒸馏烧瓶中。每瓶各加 80mL 甲苯，然后按上述方法进行蒸馏。根据水的加入量和实际蒸出的体积（mL）绘制回收曲线。更换试剂时，需重作回收曲线。

d. 分析结果的计算。空气干燥煤样的水分按下式计算：

$$M_{ad}=\frac{\rho V}{m}\times 100\%$$

式中　M_{ad}——空气干燥煤样的水分含量，%；

　　　V——由回收曲线图上查出的水的体积，mL；

　　　ρ——水的密度，20℃时取 1.00g·mL^{-1}；

　　　m——煤样的质量，g。

⑦ 方法的精密度。全水分测定结果的重复性限应符合表 4-4 的规定。

表 4-4　全水分测定结果的重复性限

全水分(M_t)/%	重复性限/%
＜10.0	0.4
≥10.0	0.5

第二节　煤中的全硫测定

煤中的硫根据其存在形态的分类：有机硫、无机硫、单质硫。

根据燃烧性的分类：可燃硫（有机硫、硫铁矿硫和单质硫）、不可燃硫（固定硫，如硫酸盐硫）。

硫是煤中的有害元素之一，燃料用煤中的硫在煤燃烧过程中形成 SO_2。SO_2 不仅腐蚀金属设备，而且还会造成空气污染。炼焦用煤中的硫直接影响钢铁质量，钢铁含硫大于 0.07%，就会使钢铁热脆而成为废品。脱除煤中的硫是煤炭利用的一个重要问题。

煤中各种形态硫的总和叫作全硫，记作 S_t，全硫通常就是煤中的硫酸盐硫（记作 S_s）、硫铁矿硫（记作 S_p）和有机硫（记作 S_o）的总和，即

$$S_t = S_s + S_p + S_o$$

如果煤中有单质硫（记作 S），也应包含在全硫中。

一般工业分析中只测全硫，全硫的测定方法有艾士卡质量法、燃烧法、弹筒法等。燃烧法是快速方法，而艾士卡法至今仍是全世界公认的标准方法，这里只介绍艾士卡质量法。

一、艾士卡测定方法

1. 方法要点

本法是用艾士卡试剂（质量比为 1∶2 的 Na_2CO_3 和 MgO 混合物）作为熔剂，所以称为艾士卡质量法。方法包括煤样的半熔反应、用水浸取、硫酸钡的沉淀、过滤、洗涤、干燥、灰化和灼烧等过程。

2. 基本原理

（1）熔样　煤样和艾士卡试剂均匀混合后在 800~850℃ 高温下进行半熔反应，使煤中各种形态的硫都转化成可溶于水的硫酸盐。煤样在空气中燃烧时，可燃硫首先转化为 SO_2，继而在有空气存在下，和艾士卡试剂作用形成可溶于水的硫酸盐：

$$煤 + O_2 \longrightarrow CO_2\uparrow + H_2O\uparrow + N_2\uparrow + SO_2\uparrow + SO_3\uparrow$$
$$2MgO + 2SO_2 + O_2 = 2MgSO_4$$
$$MgO + SO_3 = MgSO_4$$
$$2Na_2CO_3 + 2SO_2 + O_2 = 2Na_2SO_4 + 2CO_2\uparrow$$
$$Na_2CO_3 + SO_3 = Na_2SO_4 + CO_2\uparrow$$

MgO 的作用：MgO 能疏松反应物，使空气能进入煤样，同时也能与 SO_2 和 SO_3 发生反应以吸收半熔反应中产生的 SO_2 和 SO_3。因为 MgO 熔点高（高于 2800℃），在 800~850℃ 高温下不会熔融，因而能使半熔物（烧结物）保持疏松状态，以防止因 Na_2CO_3 熔融阻碍空气透入及产生的气体逸出。

Na_2CO_3 的作用：Na_2CO_3 能与半熔反应中产生的 SO_2 和 SO_3，并能与难溶于水的其他硫酸盐反应，使其转化为可溶性的硫酸盐。

$$2SO_2 + O_2(空气) + 2MgO = 2MgSO_4$$

如不可燃烧又难溶于水的硫酸盐 $MeSO_4$ 和 $CaSO_4$ 等，能同时与艾士卡试剂作用。难溶于水的硫酸盐与艾士卡试剂中的 Na_2CO_3 反应如下：

$$MeSO_4 + Na_2CO_3 = Na_2SO_4 + MeCO_3$$
$$CaSO_4 + Na_2CO_3 = Na_2SO_4 + CaCO_3$$

（2）熔块浸取　经半熔反应后的熔块，用水浸取，Na_2SO_4 都溶入水中。未作用完的 Na_2CO_3 也进入水中，并部分水解，因此水溶液呈碱性。

（3）酸度调节　滤去残渣，滤渣经过洗涤，把洗液和滤液合并，调节溶液酸度，使其呈酸性（pH 1～2），其目的是消除 CO_3^{2-} 的影响，因其也会和重量法中沉淀剂 Ba^{2+} 在中性溶液中形成碳酸钡沉淀。加入 $BaCl_2$，使 Ba^{2+} 与 SO_4^{2-} 作用生成 $BaSO_4$ 沉淀析出。

$$SO_4^{2-} + Ba^{2+} = BaSO_4$$

（4）沉淀、洗涤、灼烧、称量　沉淀经过滤，滤出 $BaSO_4$ 沉淀，再经洗涤、烘干、灰化、灼烧，即可称量，然后计算出煤中全硫含量。

也可采用硫酸钡沉淀-EDTA 容量法测定，$BaSO_4$ 沉淀用氨性 DETA 溶液溶解，过量的 EDTA 以 EBT 为指示剂，用锌盐标准溶液回滴：

$$BaSO_4 + H_2Y^{2-} = BaY^{2-} + SO_4^{2-} + 2H^+$$
$$Zn^{2+} + H_2Y^{2-} = ZnY^{2-} + 2H^+$$

3. 测定步骤

（1）熔样　准确称取粒度小于 0.2mm 的煤样 1g，记为 m，置于 30mL 瓷坩埚中，取艾士卡试剂 2g，放在瓷坩埚内仔细混匀，上面再覆盖 1g 艾士卡试剂，将装有煤样和艾士卡试剂的坩埚推入高温炉内。在 2h 内从室温升到 800～850℃，在该温度下灼烧 2h，取出坩埚，冷却到室温。用玻璃棒将坩埚中的熔块灼烧物仔细搅松捣碎，熔块中应无残炭颗粒（如果有，则再送入炉中加热）。

（2）熔块浸取　将熔块连同坩埚一并放入 400mL 烧杯中，用热蒸馏水洗出坩埚。再加入 100～150mL 刚煮沸的蒸馏水，充分搅拌使熔块散碎（此时如果发现有未燃烧完全的黑色颗粒漂浮在溶液表面，则此次实验作废）。用中速定性滤纸滤出不溶物，收集滤液在烧杯中，再用热蒸馏水吹洗不溶物，吹洗时应注意每次加水要少些，多吹洗几次（约 12 次，最后溶液体积不超 300mL）。

（3）调整试液酸度　向滤液中滴加甲基橙（2g·L^{-1} 水溶液）指示剂 3 滴，然后用 HCl 溶液（1+1）调节酸度。先调至甲基橙的黄色刚转为红色，然后再多加 2mL HCl 溶液（1+1），使溶液呈微酸性。

(4)沉淀、洗涤、灼烧、称量 把烧杯放到电热板上加热到微沸,在不断搅拌下,慢慢滴加 10mL $BaCl_2$ 溶液($100g \cdot L^{-1}$),在电热板上保温 2h(或放置过夜),用慢速定量滤纸过滤。用热蒸馏水洗至无 Cl^-,将沉淀和滤纸正确折叠放在 850℃下已恒量的坩埚中进行干燥,灰化至滤纸已无黑色,然后放在 850℃的高温炉中灼烧 40min,取出,先在空气中冷却,然后移入干燥器中冷到室温,称量,记为 m_1。按同样方法进行空白实验,空白实验所得硫酸钡的质量记为 m_2。

4. 结果计算

$$S_{t,ad} = \frac{(m_1 - m_2) \times 0.1374}{m}$$

式中 $S_{t,ad}$——空气干燥煤样中全硫质量分数,%;

m——煤样质量,g;

m_1——灼烧后硫酸钡的质量,g;

m_2——空白实验硫酸钡的质量,g;

0.1374——由硫酸钡换算为硫的换算因数。

若是采用硫酸钡沉淀-EDTA 容量法测定,则将带有硫酸钡沉淀的滤纸转入原来的烧杯中,加入 100mL 的水、10mL 的浓氨水,准确加入 $0.05000mol \cdot L^{-1}$ 的 EDTA 标准溶液 25.00mL,加热至 60~70℃,至沉淀完全溶解,冷却,再加入浓氨水 5mL、铬黑 T 指示剂(0.5g EBT+50g NaCl 的混合研细物)少许,以 $0.05000mol \cdot L^{-1}$ 的锌标准溶液滴定至溶液由蓝色转化为红色,即为终点。

5. 测定全硫的允许误差

测定全硫的允许误差见表 4-5。

表 4-5 测定全硫的允许误差

$S_{t,ad}$/%	同一实验室的允许误差/%	不同实验室的允许误差/%
≤1.50	0.05	0.10
1.50(不含)~4.00	0.10	0.20
>4.00	0.20	0.30

6. 注意事项

① 必须在通风下进行半熔反应,否则煤粒燃烧不完全而使部分硫不能转化为 SO_2。这就是为什么在半熔完毕后,用水抽提不得有黑色颗粒的缘故。

② 在用水浸取、洗涤时,溶液体积不宜过大,当加入 $BaCl_2$ 溶液后,最

后体积应在 200mL 左右为宜。体积过大，虽然 $BaSO_4$ 的溶度积不大，但是也会影响测定值（偏低）。

③ 调节酸度到微酸性，同时再加热，是为了消除 CO_3^{2-} 的影响：
$$2H^+ + CO_3^{2-} = H_2O + CO_2$$

④ 在热溶液中加入 $BaCl_2$ 溶液以及在搅拌下慢慢滴加，都是为了防止 Ba^{2+} 局部过浓，以致造成局部 $[Ba^{2+}]$ 和 $[SO_4^{2-}]$ 的乘积大于溶度积而析出沉淀。在上述条件下可以使 $BaSO_4$ 晶体慢慢形成，长成较大颗粒。

⑤ 在洗涤过程中，每次吹入蒸馏水前，应该将洗液都滤干，这样洗涤效果较好。

⑥ 在灼烧前不得残留滤纸，高温炉也应通风。如果这两方面不注意，$BaSO_4$ 会被还原而导致测定结果偏低：
$$BaSO_4 + 2C = BaS + 2CO_2$$

二、库仑滴定法

1. 原理方法

煤样在催化剂作用下，于空气流中燃烧分解，煤中的硫生成二氧化硫并被碘化钾溶液吸收后，以电解碘化钾溶液所产生的碘进行确定，根据电解所消耗的电荷量计算煤中全硫的含量。

2. 仪器设备

所使用的仪器是库仑测硫仪，由下面几部分组成。

① 管式高温炉，能加热到 1200℃ 以上，并有 70mm 以上长的高温带 $[(1150±5)℃]$，附有铂铑-铂热电偶测温及控温装置，炉内装有耐温 1300℃ 以上的异径燃烧管。

② 电解池和电磁搅拌器，电解池高 120～180mm，容量不少于 400mL，内有面积约 $150mm^2$ 的铂电解电极对和面积约 $150mm^2$ 的铂指示电极对。指示电极响应时间应小于 1s，电磁搅拌器转速约 $500r·min^{-1}$，且连续可调。

③ 库仑积分器，电解电流 0～350mA 范围内，积分线性误差应小于 ±0.1%。配有 4～6 位数字显示器和打印机。

④ 送样程序控制器，可按指定的程序前进、后退。

⑤ 空气供应及净化装置，由电磁泵和净化管组成。供气量约 $1500mL·min^{-1}$，抽气量约 $1L·min^{-1}$，净化管内装有氢氧化钠及变色硅胶。

3. 试剂和材料

① 三氧化钨。

② 变色硅胶（工业品）。
③ 氢氧化钠（化学纯）。
④ 电解液，碘化钾、溴化钾各 5g，冰醋酸 10mL 溶于 250～300mL 水中。
⑤ 燃烧舟，长 70～77mm，素瓷或刚玉制品，耐热 1200℃以上。

4. 测定步骤

(1) 准备工作

① 将管式炉升温至 1150℃，用另一组铂铑-铂热电偶高温计测定燃烧管中高温带的位置、长度及 500℃的位置。

② 调节送样程序控制器，使煤样预分解及高温分解的位置分别处于 500℃和 1150℃处。

③ 在燃烧管出口处填充洗净并干燥的玻璃纤维，在距出口端约 80～100mm 处，填充厚度约 3mm 的硅酸铝棉。

④ 将程序控制器、管式高温炉、库仑积分器、电解池、电磁搅拌器和空气供应及净化装置组装在一起。燃烧管、活塞及电解池之间连接时应口对口紧接并用硅橡胶管封住。

⑤ 开动抽气泵和供气泵，将抽气流量调节到 1000mL·min^{-1}，然后关闭电解池与燃烧管间的活塞，如抽气量降到 300mL·min^{-1} 以下，证明仪器各部件及各接口气密性良好，否则需检查各部件及其接口。

(2) 测定

① 将管式高温炉升温并控制在 (1150±5)℃。

② 开动供气泵和抽气泵，将抽气流量调节到 1000mL·min^{-1}。在抽气下，将 250～300mL 电解液加入电解池内，开动电磁搅拌器。

③ 在瓷舟中放入少量非测定用的煤样，按下述方法进行测定（终点电位调整试验）。如试验结束后库仑积分器的显示值为零，应再次测定直至显示值不为零。

④ 称取粒度小于 0.2mm 的空气干燥煤样 0.5g（准确至 0.0002g）于瓷舟中，在煤样上盖上一薄层三氧化钨。将瓷舟置于送样的石英托盘上，开启送样程序控制器，煤样即自动送进炉内，库仑滴定随即开始。测定结束后，库仑积分器显示出硫的质量（mg）或质量分数，并由打印机将数据打印出来。

5. 结果计算

若库仑积分器最终显示数为硫的质量（mg）时，全硫含量按下式计算：

$$S_{t,ad} = \frac{m_1}{m} \times 100\%$$

式中 $S_{t,ad}$——空气干燥煤样中全硫质量分数，%；

m_1——库仑积分器显示值，mg；

m——煤样质量，mg。

其精密度要求与艾士卡法相同。

三、高温燃烧-酸碱滴定法

煤样在催化剂作用下于氧气流中燃烧，煤中各种形态的硫均生成硫的氧化物，被捕集在过氧化氢溶液中形成硫酸，用氢氧化钠标准溶液滴定，根据氢氧化钠标准溶液的浓度及滴定消耗体积计算出煤中全硫含量。

煤中不同形态的硫的分解温度不同，黄铁矿硫在300℃即开始分解，有机硫和元素硫在800℃都可以分解，而硫酸盐硫在1350℃以上才能分解。如果加入石英硅（SiO_2）或三氧化钨等助熔剂，则硫酸盐硫在低于1200℃就能分解，因此控制炉温在1200℃高温燃烧-酸碱滴定法测定煤中全硫的主要反应有：

燃烧：

$$煤 + O_2 \xrightarrow{催化剂} SO_2\uparrow + CO_2\uparrow + Cl_2\uparrow + \cdots$$

$$4FeS_2 + 11O_2 \xrightarrow{500℃} 2Fe_2O_3 + 8SO_2$$

$$2MeSO_4 \xrightarrow{1200℃} 2MeO + 2SO_2\uparrow + O_2\uparrow$$

$$2SO_2 + O_2 \longrightarrow 2SO_3$$

吸收：

$$SO_2 + H_2O_2 \longrightarrow H_2SO_4$$

$$SO_3 + H_2O \longrightarrow H_2SO_4$$

滴定：

$$H_2SO_4 + 2NaOH \longrightarrow Na_2SO_4 + 2H_2O$$

第三节 煤发热量的测定

发热量是煤质分析的主要项目之一。尤其是燃烧用煤，其发热量的高低直接决定着商品价值。同时，燃煤或焦炭工艺过程的热平衡、热效率、耗煤量的计算等都必须以煤的发热量为依据。研究部门通过对煤的发热量的测定，推知煤的变质程度，或以煤的发热量来划分煤的类型。

一、煤发热量的表示方法

煤的发热量是指单位质量的煤在完全燃烧时所产生的热量,以符号 Q 表示,也称为热值,单位为 $J \cdot g^{-1}$ 或 $MJ \cdot kg^{-1}$。煤的发热量可以直接测定,也可由煤的工业分析结果粗略地计算。煤的发热量有四种表示方法。

① 弹筒发热量。单位质量的试样在充有过量氧气的氧弹内燃烧,其燃烧产物为氧气、氮气、二氧化碳、硝酸和硫酸、液态水以及固态灰时放出的热量称为弹筒发热量。

② 恒容高位发热量。单位质量的试样在充有过量氧气的氧弹内燃烧,其燃烧产物为氧气、氮气、二氧化碳、二氧化硫、液态水以及固态灰时放出的热量称为恒容高位发热量。恒容高位发热量即由弹筒发热量减去硝酸形成热和硫酸校正热后得到的发热量。

③ 恒容低位发热量。单位质量的试样在恒容条件下,在过量氧气中燃烧,其燃烧产物为氧气、氮气、二氧化碳、二氧化硫、气态水(假定压力为 $0.1MPa$)以及固态灰时放出的热量称为恒容低位发热量。恒容低位发热量即由高位发热量减去水(煤中原有的水和煤中氢燃烧生成的水)的汽化热后得到的发热量。

④ 恒压低位发热量。单位质量的试样在恒压条件下,在过量氧气中燃烧,其燃烧后的物质组成为氧气、氮气、二氧化碳、二氧化硫、气态水(假定压力为 $0.1MPa$)以及固态灰时放出的热量。

可见,由于煤在工业燃烧设备中燃烧时与在氧弹内燃烧条件不同,得到的产物也不同,发热量也不同。而低位发热量中的产物与煤在锅炉中燃烧的产物相类似,因此低位发热量是工业燃烧设备中能获得的最大理论热值。

GB/T 213—2008 中规定了煤的高位发热量的原理、实验条件、试剂和材料、仪器设备、测定步骤、测定结果的计算、热容量、仪器常数标定和方法精密度等,以及低位发热量的计算方法。适用于泥炭、褐煤、烟煤、无烟煤、碳质页岩、焦炭等固体矿物燃料及水煤浆的发热量测定。测定方法以经典的氧弹式热量计法为主,简要介绍了自动量热仪法。

二、煤发热量的测定方法——氧弹式热量计法

1. 测定原理

煤的发热量是在氧弹热量计中测定。测定时,称取一定量的煤试样,置于充有过量氧气的氧弹内完全燃烧,根据试样燃烧前后量热系统产生

的温升，并对点火热等附加热进行校正即可求得试样的弹筒发热量。氧弹热量计的热容量通过在相似条件下燃烧一定量的基准量热物苯甲酸来确定。

从弹筒发热量中扣除硝酸形成热和硫酸校正热（硫酸与二氧化硫形成热之差）后即得高位发热量。对煤中水分（煤中原有水和煤中氢燃烧生成的水）的汽化热进行校正后得到煤的低位发热量。

国产 GR-3500 型恒温式热量计如图 4-1 所示。

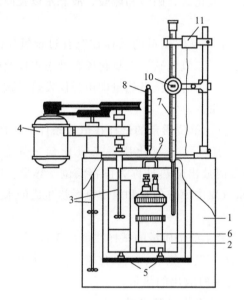

图 4-1 国产 GR-3500 型恒温式热量计
1—外筒；2—内筒；3—搅拌器；4—电动机；5—绝缘支柱；6—氧弹；
7—量热温度计；8—外筒温度计；9—盖；10—放大镜；11—振荡器

2. 仪器

① 氧弹（图 4-2），也称弹筒。由耐热、耐腐蚀的镍铬或镍铬钼合金钢制成。不受燃烧过程中出现的高温和腐蚀性产物的影响而产生热效应，能承受充氧压力和燃烧过程中产生的瞬时高压，在试验过程中能保持完全气密性。弹筒的容积为 250~350mL，弹头上装有一个供充氧气的阀门和一个放气阀门。进气阀或放气阀又当作点火电源的一个接线电极，弹盖上还装有一个与弹盖绝缘的电极，构成点火电源的第二个电极。进气阀下面连有氧气导管，把氧气导入燃烧皿下部。在电极柱上装有燃烧皿支架。在弹筒下面装有三个弹脚，将氧弹放入内筒中时，三个弹脚支撑在内筒底上，使氧弹底下有水流通，以利于热交换。

② 内筒，也称水筒。用紫铜、黄铜或不锈钢薄板制成，断面可为椭圆形、菱形或其他适当形状。氧弹放入内筒中，加水 2000～3000mL，以能浸没氧弹（进、出气阀和电极除外）为准。为使内筒内水温均匀，装有搅拌器。内筒置于外筒内，与外筒间距为 10～12mm，底部有绝缘支柱支撑。内筒外表应电镀抛光，以减少与外筒的辐射作用。

③ 外筒，也称水套。是用金属薄板制成的双壁容器，有上盖，夹层中充水并使水温保持恒定。外筒内表面应保持光亮，以减少辐射作用。水套上有两个半圆形胶木塞，盖上有孔，以便插入温度计、搅拌器等。为使双壁层间的水温恒定不变（±0.1K），安装有恒温装置。

④ 搅拌器。为了使试样燃烧放出的热量尽快在内筒中均匀分布，采用电动机带动螺旋桨搅拌器，转速以 400～600r·min^{-1} 为宜，并要求保持恒定，同时要避免产生的搅拌热影响水温的测定（当内、外筒温度和室温一致时，要求连续搅拌 10min 所产生的热量不应超过 120J）。

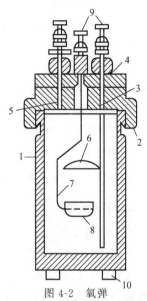

图 4-2 氧弹
1—弹体；2—弹盖；3—进气管；
4—进气阀；5—排气管；6—遮火罩；
7—电极柱；8—燃烧皿；
9—接线柱；10—弹脚

⑤ 量热温度计。用于指示内筒水温度变化值。由于内筒温度测量误差是发热量测量误差的主要来源，所以正确选择和使用温度计显得特别重要。一般采用有固定测温范围的精密温度计或可变测温范围的贝克曼温度计，最小分度值均为 0.01K，再配以放大镜和照明灯等附属设备，温度读数可估读到 0.001K。为克服水银温度计中水银柱和毛细管间的附着力，装有电动振荡器。

⑥ 点火装置。在氧弹内的两电极之间，连接一段已知热值的细金属丝。通电后金属丝发热，最后熔断引燃煤试样。根据金属丝的实际消耗长度计算出其燃烧时产生的热量，在测定的总热量值中扣除、校正。

⑦ 压饼机。有螺旋式、杠杆式或其他形式压饼机。能压制直径 10mm 的煤饼或苯甲酸饼。模具及压杆应用硬质钢制成，表面光洁，易于擦拭。

⑧ 燃烧皿。铂制品最理想，一般可用镍铬钢制品。规格可采用高 17～18mm、底部直径 19～20mm、上部直径 25～26mm、厚 0.5mm。其他合金钢或石英制的燃烧皿也可使用，但以能保证试样燃烧完全而本身又不受腐蚀和不产生热效应为原则。

⑨ 压力表和氧气导管。压力表由两个表头组成：一个指示氧气瓶中的压力，一个指示充氧时氧弹内的压力。表头上应装有减压阀和保险阀。压力表每2年应经计量部门检定一次，以保证指示正确和操作安全。

压力表通过内径 1～2mm 的无缝铜管与氧弹连接，或通过高强度尼龙管与充氧装置连接，以便导入氧气。

压力表和各连接部分禁止与油脂接触或使用润滑油。如不慎沾污，应依次用苯和酒精清洗，并待风干后再用。

⑩ 秒表或其他指示 10s 的计时器。

⑪ 天平。分析天平：感量 0.1mg。工业天平：载量 4～5kg，感量 0.5g。

3. 测定步骤

（1）准备工作

① 在金属燃烧皿底部铺一层石棉纸垫（如用石英皿不需垫层），垫的周边应与皿密接，以防试样漏入皿底，使燃烧不完全，准确称量加石棉衬垫的燃烧皿质量。称取粒度为 0.2mm 以下的空气干燥煤样或水煤浆干燥试样 0.9～1.1g（精确至 0.0002g）。

对于燃烧时易飞溅的试样，可先用压饼机压成饼状，再切成粒度为 2～4mm 的小块或用已知质量的擦镜纸包紧。对于不易燃烧完全的试样，则可提高充氧压力至 3.2MPa 促进燃烧，或用已知质量和热值的擦镜纸包裹称好的试样并用手压紧，然后放入燃烧皿中。

② 取一段已知质量的点火丝，两端分别接在氧弹内的两个电极柱上，将盛有试样的燃烧皿放于支架上，并使点火丝下垂至与试样保持接触（不能接触燃烧皿）。测易飞溅试样时使点火丝与试样保持微小距离。

③ 将 10mL 蒸馏水加入氧弹里，用以吸收煤燃烧时产生的硫氧化物和氮氧化物，拧紧氧弹盖，注意避免由于震动而使调好的燃烧皿与点火丝的位置改变，造成点火失败。

④ 接好氧气导管，往氧弹中缓缓充入氧气，直至压力达到 2.8～3.0MPa。达到压力后的持续充氧时间不得少于 15s。

⑤ 准确称取一定质量的水加入内筒里，使氧弹盖的顶面（不包括突出的进、出气阀和电极）淹没在水面下 10～20mm，所加水量必须与标定仪器的热容量时用水量质量一致（相差在 0.5g 以内）。先调节好外筒水温，使之与室温相差不超过 1.5K。内筒水温最初应低于外筒水温（用冰水调节），而测定终期温度又比外筒温度高 1K 左右为宜。

⑥ 将装好一定质量水的内筒小心放入外筒的绝缘支架上，再将氧弹小心放入内筒，同时检查弹筒气密性。如有气泡出现，表明氧弹气密性不良，应查

出原因，及时排除，重新充氧。

⑦ 接上点火电极插头，装好搅拌器和量热温度计，并盖上外筒盖。温度计的水银球应与氧弹主体的中部在同一水平上，温度计和搅拌器均不得接触氧弹和内筒。在靠近量热温度计的露出水银柱的部位，应另悬挂一支普通温度计，用以测定露出柱的温度。

(2) 测定　测定分三个阶段，即初期、主期和终期。

① 初期。开动搅拌器，开始时，内、外筒之间温度为内低外高，进行着热交换。先读取一次内筒温度记为 $t_{初}$，5min 后再读取一次内筒温度记为始点温度 t_0，并立即通电点火，开始计时，随后记下外筒温度 (t_j) 和露出柱温度 (t_e)。外筒温度读准至 0.05K，内筒温度借助放大镜读准至 0.001K。读取温度时，视线、放大镜中线和水银柱顶端应位于同一水平上，以避免视差对读数的影响。每次读数前，应开动振荡器振动 3~5s。

② 主期。为试样燃烧阶段。点火后注意观察内筒温度（注意：点火后 20s 内不要把身体的任何部位伸到热量计上方），如在 30s 内温度急剧上升，则表明点火成功。水温变为内高外低，内、外筒之间继续进行着热交换。每隔 1min 读取一次温度，直到最高点后转而下降的第一个温度为止，作为终点温度 t_n，它标志着主期结束。同时记下露出柱温度 (t'_n)。在温升较快阶段，温度可读至 0.01K，缓慢阶段应读至 0.001K。

③ 终期。终点后，若终点时不能观察到温度下降（内筒温度低于或略高于外筒温度时），可以随后连续 5min 内温度读数增量（以 1min 间隔）的平均变化不超过 0.001K·min^{-1} 时的温度为终点温度，测定结束。终期结束后停止搅拌，取出内筒和氧弹，开启放气阀，放出燃烧废气，打开氧弹，仔细观察弹筒和燃烧皿内部，如果有试样燃烧不完全的迹象或有炭黑存在，试验作废。如反应正常，找出未烧完的点火丝，量出长度，用于计算实际消耗量。

最后，用蒸馏水充分冲洗氧弹内各部位、放气阀、燃烧皿内外和燃烧残渣，把全部洗液（共约 100mL）收集在烧杯里，可供测硫使用。

4. 结果计算

(1) 空气干燥煤样弹筒发热量的计算

$$Q_{b,ad}=\frac{EH\left[(t_n+h_n)-(t_0+h_0)+C\right]-(q_1+q_2)}{m}$$

式中　$Q_{b,ad}$——空气干燥煤样的弹筒发热量，J·g^{-1}；

E——热量计的热容量，J·g^{-1}；

H——贝克曼温度计的平均分度值，使用数字显示温度计时，$H=1$；

t_0——始点温度即点火时的温度，K；

t_n——终点温度,K;

h_0——t_0 的毛细孔径修正值,使用数字显示温度计时,$h_0=0$;

h_n——t_n 的毛细孔径修正值,使用数字显示温度计时,$h_n=0$;

C——冷却校正值,K;

q_1——点火热,J;

q_2——添加物如包纸等产生的总热量,J;

m——试样质量,g。

(2) 恒容高位发热量($Q_{gr,v,ad}$)的计算

$$Q_{gr,v,ad}=Q_{b,ad}-(94.1S_{b,ad}+aQ_{b,ad})$$

式中 $Q_{gr,v,ad}$——空气干燥煤样的恒容高位发热量,$J \cdot g^{-1}$;

$Q_{b,ad}$——空气干燥煤样的弹筒发热量,$J \cdot g^{-1}$;

$S_{b,ad}$——由弹筒洗涤液中测得的硫含量,以质量分数表示,%;当全硫低于 4.00% 时,或发热量大于 14.60MJ·kg^{-1} 时,可用全硫量(按 GB/T 214 测定)代替 $S_{b,ad}$;

94.1——空气干燥煤样(或水煤浆干燥试样)中每 1.00% 硫的校正值,$J \cdot g^{-1}$;

a——硝酸生成热校正系数,当 $Q_{b,ad} \leqslant 16.70$MJ·kg^{-1} 时,$a=0.0010$;当 16.70MJ·kg$^{-1} < Q_{b,ad} \leqslant 25.10$MJ·kg^{-1} 时,$a=0.0012$;当 $Q_{b,ad} > 25.10$MJ·kg^{-1} 时,$a=0.0016$。

(3) 恒容低位发热量($Q_{net,v,ad}$)的计算

$$Q_{net,v,ar}=(Q_{gr,v,ad}-206H_{ad}) \times \frac{100-M_t}{100-M_{ad}}-23M_t$$

式中 $Q_{net,v,ar}$——煤或水煤浆的收到基恒容低位发热量,$J \cdot g^{-1}$;

$Q_{gr,v,ad}$——煤(或水煤浆干燥试样)的空气干燥基恒容高位发热量,$J \cdot g^{-1}$;

M_t——煤的收到基全水分或水煤浆的水分(按 GB/T 211 测定)的质量分数,%;

M_{ad}——煤(或水煤浆干燥试样)的空气干燥基水分(按 GB/T 212 测定)的质量分数,%;

H_{ad}——煤(或水煤浆干燥试样)的空气干燥基氢的质量分数(按 GB/T 476 测定),%;

206——对应于空气干燥煤样(或水煤浆干燥试样)中每 1% 氢的汽化热校正值(恒容),$J \cdot g^{-1}$;

23——对应于收到基煤或水煤浆中每 1% 水分的汽化热校正值(恒

容），J·g^{-1}。

(4) 恒压低位发热量（$Q_{net,p,ar}$）的计算

$$Q_{net,p,ar}=[Q_{gr,v,ad}-212H_{ad}-0.8(Q_{ad}+N_{ad})]\times\frac{100-M_t}{100-M_{ad}}-24.4M_t$$

式中　$Q_{net,p,ar}$——煤或水煤浆的收到基恒压低位发热量，J·g^{-1}；

　　　Q_{ad}——空气干燥煤样（或水煤浆干燥试样）中氧的质量分数，%；

　　　N_{ad}——空气干燥煤样（或水煤浆干燥试样）中氮的质量分数（按 GB/T 19227 测定），%；

　　　212——对应于空气干燥煤样（或水煤浆干燥试样）中每1%氢的汽化热校正值（恒压），J·g^{-1}；

　　　0.8——对应于空气干燥煤样（或水煤浆干燥试样）中每1%氧和氮的汽化热校正值（恒压），J·g^{-1}；

　　　24.4——对应于收到基煤或水煤浆中每1%水分的汽化热校正值（恒压），J·g^{-1}。

其余符号意义同前。

三、煤发热量的计算方法

煤的发热量除直接测定外，还可利用煤的工业分析和元素分析数据，用煤的发热量经验公式进行计算。

(1) 烟煤的 $Q_{net,v,ad}$ 经验计算公式

$$Q_{net,v,ad}=[100K-(K+6)(M_{ad}+A_{ad})-3V_{ad}-40M_{ad}]\times4.1868$$

式中　K——常数，在 72.5～85.5 之间，根据煤样的 V_{daf} 和焦砟特征查表可得。

只有在 $V_{daf}<35\%$ 和 $M_{ad}>3\%$ 时才减去 $40M_{ad}$。

(2) 褐煤的 $Q_{net,v,ad}$ 经验计算公式

$$Q_{net,v,ad}=[100K_1-(K_1+6)(M_{ad}+A_{ad})-V_{daf}]\times4.1868$$

式中　K_1——常数，在 61～69 之间，与煤中的氧含量有关，查表可得。

一般来说，这些经验公式的计算结果与实测值间的偏差小于 418J·g^{-1}，相对误差约 1.5%。

第五章

气体分析

气体是工业生产中的常用原料或燃料,尤其是化学反应过程中常常会生成废气,因此,要正确掌握气体分析技术。本章从气体化学分析与大气污染物分析两方面进行论述。

第一节 气体化学分析

一、工业气体概述

1. 工业气体的种类

工业气体种类很多,根据它们在工业上的用途大致可分为气体燃料气、化工原料气、气体产品和工业废气等。在工业生产中,由于安全需要,还对厂房空气进行分析。

气体燃料包含天然气、焦炉煤气、石油气和水煤气等。天然气多在矿区开采原油时伴随而出,是一种碳氢化合物,主要成分是甲烷;焦炉煤气是煤焦化过程得到的可燃气体,其主要成分是氢气和甲烷;石油气主要来源于油田伴生气和炼油厂的回收气,主要成分是甲烷、烯烃和其他碳氢化合物;水煤气是由焦炭或煤和水蒸气在高温下反应生成的,主要成分是 CO 和 H_2。

上述的天然气、焦炉煤气、石油气、水煤气等均可作为化工生产的原料气,利用它们可以制造合成氨、甲醇、人造石油等。另外还有一些气体也可以作为化工原料气,焙烧黄铁矿所得的二氧化硫,用于合成硫酸;焙烧石灰石所得的二氧化碳,用于制碱;电石与水作用产生的乙炔气是重要的化工原料,用于制造乙酸、氯丁橡胶等;空气是最丰富、最廉价的工业原料气,从空气中可以分离出气体产品，如氧气、氮气、氩气、二氧化碳等。

气体产品是以气体形式存在的工业产品，其种类很多，如氢气、氮气、氧气、乙炔气等。

工业废气包括各种工业锅炉的烟道气和在化工生产中排放出来的尾气，烟道气的主要成分为 N_2、O_2、CO、CO_2、水蒸气及少量的其他气体；化工尾气的组分和含量根据化工生产的情况不同而不同。

厂房空气是指工业厂房内的空气，一般含有生产过程中的气体，这些气体有些对人体有害，有些能够引起燃烧爆炸。

2. 气体分析的意义及其特点

在工业生产中，对气体原料和各个工序的气体进行分析，了解生产是否正常，并根据分析结果及时地指导生产；在制造或使用气体燃料时，常由燃料的组成计算其发热量，并根据燃烧后生成烟道气的成分，判断燃烧情况；进行厂房空气分析，可以确定有害气体及含量是否已危及工作人员的健康和厂房的安全。

气体分析与固体、液体物质的分析方法有所不同，由于其质轻，流动性大，不易称量，所以有其自身的特点：

① 气体分析中常用测量体积的方法来代替称取质量的操作，并按体积分数来进行计算。

② 因为气体的体积随温度、压力变化而有所变化，所以被测定的气体体积，都必须根据测定时的温度和压力校正到标准状况下的体积。

③ 进行气体混合物的分析时，如果只根据气体体积的测量进行气体分析，只要在同一温度和压力下测量全部气体及其组成部分的体积，混合气体各组分的含量不随温度及压力的变化而改变。

④ 气体分析一般要在密闭的仪器系统中进行。对于液态或固态的物料，只要使各种物料中的待测组分经过化学反应转化为气体，然后用气体的分析方法进行测定，则可测定出液体或固体试样中的相关组分。

二、气体试样采取

气体分析方法可分为化学分析法、物理分析法及物理化学分析法。化学分析法是利用气体的化学特性而确定其含量的方法，如吸收法、燃烧法。物理分析法是根据气体的物理特性，如密度、热导率、折射率、热值等来进行测定的。物理化学分析法是根据气体的物理化学特性进行测定的，如电导法、色谱法和红外光谱法等。

当气体混合物中各个组分的含量为常量时,分析结果一般采用体积分数表示。当气体混合物中各组分的含量是微量时,分析结果一般以每升或每立方米气体试样中所含被测组分气体的质量($mg \cdot m^{-3}$)表示,过去也常用 ppm 或 ppb 表示。

气体扩散性强,比较容易混匀,但容易混入杂质,能否采集具有代表性的气体试样,仍是一个十分重要的问题,特别当气体试样含量较低或是负压状态时,更应注意取样的代表性。气体试样一般情况下以现场检测结果为准,不制备保留样。

采取的气体试样一般分为部位试样、连续和间断试样、混合试样。

① 部位试样。在试样容器或管道某一固定的部位采取的试样。

② 连续和间断试样。连续试样指在整个采样期间保持同样采样速度采取的试样。间断试样指按照固定间隔时间采样采取的试样。

③ 混合试样。是取自不同部位或在不同时间内取自同一部位的几个试样的混合物。混合试样的采集方法通常有两种,即分取混合采样法和分段采样法。

1. 采样方法

采样方法有不同的分类方法。根据气体压力的不同可分为常压取样、正压取样和负压取样。

根据采样时间不同可分为瞬时试样采取和平均试样采取。

采样中最小采样量要根据分析方法、被测成分含量范围和重复分析的需要量而定。按体积计量的试样,必须换算成标准状态下的体积。

在化工生产中,为了取样的方便,在需要取样的气体管道或容器上通常安装有取样阀门,如图 5-1 所示。安装阀门时应注意取样管

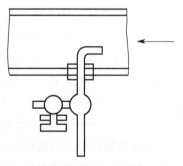

图 5-1 气体采样装置

的位置和方向,取样管应装入管道直径的 1/3 处,方向朝着气流的方向。气体中如有机械杂质,应在取样管与取样容器间装过滤器(如装有玻璃纤维的玻璃瓶);气体温度如果超过 200℃ 时,取样管必须带有冷却装置;气体的压力如果较高,应在管道阀门后安装有减压装置。

(1) 常压取样 当气体压力近于或等于大气压力时,常用改变封闭液液面的方法采取试样,或者采用流水抽气泵抽取,装置如图 5-2 所示。用改变封闭液液面的方法采取试样时,由于气体在封闭液中有一定的溶解度,故封闭液事

先要用被测气体饱和。用流水抽气泵时，取样管上端与抽气泵相连，下端与取样点上的金属管相连，将气体试样抽入。

（2）正压取样　当气体压力高于大气压力时，可用采样钢瓶或球胆取样。取样时只需打开取样点上的阀门，气体可自动流入气体取样器中。采样钢瓶两端带有阀门或一端有两个阀门，用来取样时置换钢瓶中的空气，采样钢瓶也可用来保留气体试样。用球胆取样时必须用气体试样置换球胆内的空气3~4次，由于球胆中的气体容易渗透，采样后必须立即分析，应固定球胆专取某种样品。同时橡皮球胆容易吸附气体中硫化氢和烃类组分，采取硫化氢和烃类试样时应使用聚四氟乙烯等材质的球胆或采样钢瓶。

（3）负压取样　气体压力小于大气压力时为负压。负压较小的气体，可用流水抽气泵抽取，当负压较高时，可用真空瓶取样（图5-3），真空瓶上有旋塞，在取样前用真空泵抽出瓶内空气，使压力降至8~13kPa，然后关闭旋塞，称出质量，再至取试样地点，将试样瓶上的管头与取样点上的金属管相连，打开旋塞取样，取试样后关闭旋塞称出质量，两次质量之差即为试样的质量。通常在抽真空前，在真空瓶中预先加入一定量被测物质的吸收液，增大气体的采样量。

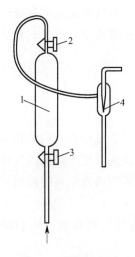
图5-2　流水抽气泵
1—采样管；2，3—旋塞；4—水流泵

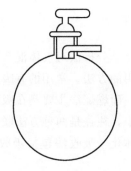
图5-3　真空瓶

2. 采样设备

采样设备主要由采样器和试样容器组成，有时还带有试样的预处理装置、调节压力和流量装置、吸气器和抽气泵等。要求接触试样的采样设备和材料对试样不渗透、不吸收、不污染，在采样温度下无化学活性、不起催化作用、力学性能良好、容易加工连接等。

（1）采样器　由于制造采样器的材料不同，采样器的使用条件有所不同。例如，硅硼玻璃采样器，价廉易制，但超过450℃不能使用。金属采样器被广泛地使用，但低碳钢质的采样器在高于300℃时易受气体腐蚀并能渗透氢气。不锈钢或铬铁合金的采样器可在950℃下使用，而镍合金的采样器适于1150℃采集无硫气体试样。石英采样器属耐火采样器，可在900℃以下无限期地使用。氧化铝瓷器适于在1500℃连续使用。采样前应根据气体试样的种类及其所处的环境等选用适宜的采样器。

（2）试样容器　承接气体试样的容器种类较多。例如，带金属三通的玻璃注射器、真空采样瓶、小钢瓶、活性炭采样管、球胆及塑料袋等。采样时，应根据试样所处的状态、压力、采样量和保存时间等选择适当的试样容器。

（3）气体预处理装置　为了使被采出的试样符合某些分析仪器或分析方法的要求，需将试样加以处理。处理包括过滤（分离出试样中灰分、湿气或其他有害物）、脱水和改变温度（以防试样在温度高时发生化学反应，或在低温时某些成分凝聚）等步骤。

（4）其他　减压调节器应在高压采样时使用。中压采样时，在采样导管和采样器之间安装一个合适的安全或放空装置即可。吸气瓶由玻璃瓶或塑料瓶组成，常用于常压气体的采样。流水抽气泵可产生中度真空，机械式真空泵可产生较高的真空。

三、吸收法

用化学分析法对气体混合物各组分进行测定时，应根据它们的化学性质决定所采用的方法。常用的有吸收法和燃烧法。吸收法常用于简单的气体混合物的分析，而燃烧法主要是在吸收法不能使用或得不到满意结果时使用。但在实际工作中，往往是两种方法联合使用。

气体化学吸收法包括吸收体积法、吸收滴定法、吸收重量法和吸收比色法等。

1. 吸收体积法

吸收体积法是利用气体的化学特性，使气体混合物与特定的吸收剂接触，混合气体中被测组分在吸收剂中定量地发生化学吸收。如果在吸收前、后的温度及压力保持一致，则吸收前、后的气体体积之差即为待测气体的体积，由此可求出被测组分在气体试样中的体积分数。此方法主要用于常量气体的测定。

（1）常见气体吸收剂　用于吸收气体的化学试剂称为气体吸收剂。工业分析对吸收剂的要求是能够吸收试样气体中的一种或几种组分；反应的生成物无挥发性，不影响体积的测量；生成物不沉淀，不会堵塞气体分析仪管道；具有较高的吸收能力，能配制成较高浓度的溶液。吸收剂可分为液态和固态两种，常用的是液态吸收剂。下面介绍几种常见的气体吸收剂。

① 氢氧化钾溶液。33％氢氧化钾溶液是二氧化碳的吸收剂，其吸收反应为：

$$2KOH + CO_2 \longrightarrow K_2CO_3 + H_2O$$

通常用氢氧化钾而不用氢氧化钠，因为浓的氢氧化钠溶液易起泡沫，并且吸收二氧化碳后生成的碳酸钠不容易溶于浓氢氧化钠溶液，而堵塞气体分析仪管道。1mL 33％的 KOH 溶液能吸收 40mL CO_2 气体，适用于中等浓度及高浓度 CO_2 的测定。H_2S、SO_2 和其他酸性气体也能被氢氧化钾溶液吸收，在测定时必须预先除去。

② 焦性没食子酸钾溶液。焦性没食子酸钾溶液是最常用的氧吸收剂。用焦性没食子酸（1,2,3-三羟基苯）与氢氧化钾作用可生成焦性没食子酸钾：

$$C_6H_3(OH)_3 + 3KOH \longrightarrow C_6H_3(OK)_3 + 3H_2O$$

焦性没食子酸钾被氧化生成六氧基联苯钾：

$$2C_6H_3(OK)_3 + \frac{1}{2}O_2 \longrightarrow (KO)_3H_2C_6C_6H_2(OK)_3 + H_2O$$

1mL 焦性没食子酸钾碱性溶液能吸收 8～12mL O_2，其吸收效率受温度影响较大。当温度高于15℃，吸收效率最好；当温度降低到0℃时几乎不吸收。因为吸收剂显碱性，所以测定氧时应预先除去酸性气体，并且先测定二氧化碳，后测定氧。

③ 亚铜盐溶液。亚铜盐的盐酸溶液或亚铜盐的氨溶液是一氧化碳的吸收剂。一氧化碳与氯化亚铜作用生成不稳定的配合物 $Cu_2Cl_2·2CO$：

$$Cu_2Cl_2 + 2CO \longrightarrow Cu_2Cl_2·2CO$$

在氨性溶液中，进一步发生反应：

$$Cu_2Cl_2·2CO + 4NH_3 + 2H_2O \longrightarrow Cu_2(COONH_4)_2 + 2NH_4Cl$$

1mL 亚铜盐氨性溶液可以吸收 16mL 一氧化碳。氧及酸性气体都能被亚铜盐氨溶液吸收，在测定一氧化碳时均应预先除去。也可用亚铜盐的盐酸溶液吸收一氧化碳，但其吸收效果不及亚铜盐氨性溶液。

④ 饱和溴水或硫酸汞、硫酸银的硫酸溶液。它们是不饱和烃的吸收剂。在气体分析中不饱和烃通常是指烯烃、炔烃、苯、甲苯等。溴能和不饱和烃发生加成反应并生成液态的各种饱和溴化物：

$$CH_2=CH_2 + Br_2 \longrightarrow CH_2Br-CH_2Br$$

$$CH\equiv CH + 2Br_2 \longrightarrow CHBr_2-CHBr_2$$

在实验条件下，苯不能与溴反应，但能缓慢地溶解于溴水中，所以苯也可一起被测定。用饱和溴水吸收不饱和烃后，余气中含有溴蒸气，用浓碱溶液除去。由于溴水具有氧化性，因此在吸收前应将气体中的还原性物质预先除去。

（2）混合气体的吸收顺序　一种吸收剂往往能吸收多种气体组分。因此，混合气体的测定中，必须合理确定吸收顺序，以消除干扰，提高测定结果的准确度。

例如，半水煤气中的主要成分有 CO_2、O_2、CO、CH_4、H_2、N_2、不饱和烃等。根据所选用吸收剂的性质，在进行半水煤气分析时，应按如下顺序进行吸收。

① 33%氢氧化钾溶液吸收半水煤气中的二氧化碳；
② 饱和溴水溶液吸收半水煤气中的不饱和烃；
③ 焦性没食子酸钾碱性溶液吸收半水煤气中的氧气；
④ 氯化亚铜的氨性溶液吸收半水煤气中的一氧化碳；
甲烷和氢气用燃烧法测定，氮气通过计算法求得。

2. 吸收滴定法

吸收滴定法是用吸收剂将被测组分吸收完全后，用滴定的方法测量生成物的量或剩余吸收剂的量，从而计算出被测组分含量。吸收滴定法广泛地运用于气体分析中，主要用于微量气体组分的测定，也可以进行没有合适封闭液的常量气体组分测定。

3. 吸收重量法

吸收重量法是用吸收剂将被测组分吸收完全后，根据吸收剂增加的质量，计算待测气体的含量。此法主要用于微量气体组分的测定，也可进行常量气体组分的测定。液体或固体试样中的被测组分，经化学反应转变为气体物质后，也可用吸收重量法测定。

例如，测定烟煤中的碳、氢元素含量时，先将试样在高温炉中燃烧，使碳转化为二氧化碳，氢转化为水蒸气。将生成的气体导入已准确称量的装有高氯酸镁的吸收管中，水蒸气被高氯酸镁吸收后，再称取高氯酸镁吸收管的质量，根据其增重，即可计算出氢的含量。从高氯酸镁吸收管流出的剩余气体则导入已准确称量的装有碱石棉的吸收管中，吸收二氧化碳后称取质量，可计算出碳的含量。

4. 吸收比色法

吸收比色法是使混合气体通过固体或液体吸收剂，待测气体被吸收，使吸收剂产生不同的颜色（或吸收后再作显色反应），其颜色的深浅与待测气体的含量成正比，通过比色可测出待测气体的含量。此法主要用于微量气体组分含量的测定。

例如，测定混合气体中微量乙炔时，使混合气体通过亚铜盐的氨溶液吸收剂。乙炔被吸收，生成乙炔铜的紫红色胶体溶液：

$$2C_2H_2 + Cu_2Cl_2 \longrightarrow 2CH\equiv CCu + 2HCl$$

其颜色的深浅与乙炔的含量成正比。进行比色测定，可得到乙炔的含量。大气中的二氧化硫、氮氧化物等均是采用吸收比色法进行测定。

在比色法中还常用检测管法。检测管是一根内径为 2～4mm 的玻璃管，以试剂浸泡过的颗粒状硅胶或素陶瓷制成检气剂填充于该玻璃管中，管两端封口。常用的检测管有硫化氢检测管、氨检测管、一氧化碳检测管、氮氧化物检测管等，每种气体的检测管可分为不同浓度类型。

使用检测管时，在现场将检测管的两端折断，气体进口的一端连接气体采样器（带三通旋塞的 100mL 注射器），使一定量的气体通过检气管，在管内检气剂即与待测气体发生反应而形成一着色层，根据颜色的深浅（比色型检测管）或变色柱的长短（比长型检测管），在检测管上读出被测组分的含量。

例如，测定空气中的硫化氢含量，用 40～60 目的硅胶作载体，吸附醋酸铅试剂后制成检气剂填充于检测管中，当待测空气通过检测管时，空气中的硫化氢被吸收，生成硫化铅黑色层：

$$Pb(Ac)_2 + H_2S \longrightarrow PbS\downarrow + 2HAc$$

其变色长度与空气中硫化氢的含量成正比，根据变色长度在检测管上读出硫化氢的含量。

检测管法的仪器简单，操作简便，便于携带，对微量气体能迅速检出，有一定的准确度，气体的选择性也相当高，适用于现场分析，但一般不适用于高浓度气体组分的定量测定。

四、燃烧法

1. 可燃性气体的燃烧方法

有些可燃性气体没有很好的吸收剂（如氢气和甲烷等），不能用吸收法进行测定，只能用燃烧法进行测定。当可燃性气体燃烧时，其体积发生缩减，同时产生一定体积的二氧化碳，它们都与原来的可燃性气体有一定的比例关系，根据它们之间的定量关系，可分别计算出各种可燃性气体组分的含量。

(1) 气体燃烧后体积和组分变化

① 氢气燃烧后气体体积与组分的变化。氢气的燃烧反应式为：

$$2H_2 + O_2 \longrightarrow 2H_2O$$
(2 体积)(1 体积)(0 体积)

2 体积的氢与 1 体积的氧经燃烧后，生成零体积的水（水在常温下是液体，其体积与气体相比可以忽略不计）。在反应中有 3 体积的气体消失，其中 2 体积是氢，故氢的体积是缩小体积数的 2/3。设缩小的体积为 V_{sj}，则燃烧前氢的体积 $V(H_2)$ 为：

$$V(H_2) = \frac{2}{3}V_{sj} \text{ 或 } V_{sj} = \frac{3}{2}V(H_2)$$

② 甲烷燃烧后气体体积与组分的变化。甲烷的燃烧反应式为：

$$CH_4 + 2O_2 \longrightarrow CO_2 + 2H_2O$$
(1 体积)(2 体积)(1 体积)(0 体积)

1 体积的甲烷与 2 体积的氧燃烧后，生成 1 体积的二氧化碳和 0 体积的液态水。反应后由原 3 体积的气体变成 1 体积的气体，缩小了 2 体积。缩小的体积相当于甲烷体积的 2 倍，则燃烧前甲烷的体积 $V(CH_4)$ 为：

$$V(CH_4) = \frac{1}{2}V_{sj} \text{ 或 } V_{sj} = 2V(CH_4)$$

甲烷燃烧后，产生与甲烷同体积的二氧化碳，则燃烧生成的二氧化碳体积 $V(CO_2)$ 为：

$$V(CO_2) = V(CH_4)$$

③ 一氧化碳燃烧后气体体积与组分的变化。一氧化碳燃烧，按下式进行：

$$2CO + O_2 \longrightarrow 2CO_2$$
(2 体积)(1 体积)(2 体积)

2 体积的一氧化碳与 1 体积的氧燃烧后，生成 2 体积的二氧化碳，由原来的 3 体积变为 2 体积，减少 1 体积，即缩小的体积相当于原来的一氧化碳体积的 1/2。则燃烧前一氧化碳的体积 $V(CO)$ 为：

$$V(CO) = 2V_{sj} \text{ 或 } V_{sj} = \frac{1}{2}V(CO)$$

一氧化碳燃烧后，产生与一氧化碳同体积的二氧化碳：

$$V(CO_2) = V(CO)$$

由此可见，在某一可燃气体内通入氧气，使之燃烧，测量其体积的缩减和在燃烧反应中所生成的二氧化碳体积，即可以计算出原可燃性气体的体积，并可进一步计算其在混合气体中的体积分数。

(2) 燃烧方法　可燃性气体的燃烧常用的方法有三种。

① 爆炸法。可燃性气体与空气或氧气混合，当二者浓度达到一定比例时，受热（或通火花）能引起爆炸。爆炸是燃烧的一种方式，其特点是在很短时间内完成全部反应。各种气体能够爆炸燃烧的浓度有一定的范围，这个范围称为爆炸极限。爆炸极限分为爆炸上限和爆炸下限。爆炸上限是指可燃性气体能引起爆炸的最高含量；爆炸下限是指可燃性气体能引起爆炸的最低含量。常见可燃性气体在空气中的爆炸极限见表 5-1。

表 5-1 常见可燃性气体在空气中的爆炸极限

气体	化学式	下限/%	上限/%	气体	化学式	下限/%	上限/%
甲烷	CH_4	5.0	15.0	丁烯	C_4H_8	1.7	9.0
一氧化碳	CO	12.5	74.2	戊烷	C_5H_{12}	1.4	8.0
甲醇	CH_3OH	6.0	37.0	戊烯	C_5H_{10}	1.6	—
二硫化碳	CS_2	1.0	—	己烷	C_6H_{14}	1.3	—
乙烷	C_2H_6	3.2	12.5	苯	C_6C_6	1.4	8.0
乙烯	C_2H_4	2.8	28.6	庚烷	C_7H_{16}	1.1	—
乙炔	C_2H_2	2.6	80.5	甲苯	C_7H_8	1.2	7.0
乙醇	C_2H_5OH	3.5	19.0	辛烷	C_8H_{18}	1.0	—
丙烷	C_3H_8	2.4	9.5	氢	H_2	4.1	74.2
丙烯	C_3H_6	2.0	11.1	硫化氢	H_2S	4.3	45.5
丁烷	C_4H_{10}	1.9	8.5	氨气	NH_3	15.5	27

② 缓慢燃烧法。可燃性气体与空气混合，当可燃性气体的浓度小于其爆炸下限时，经过炽热的铂丝能引起可燃气体缓慢燃烧，故称为缓慢燃烧法。可燃性气体与空气或氧气的混合比例应小于其爆炸下限，以免产生爆炸危险。当可燃性气体的浓度大于其爆炸上限时，则氧气量不足，可燃性气体不能完全燃烧。缓慢燃烧法适用于可燃性气体组分浓度较低的混合气体及空气中可燃性组分的测定。

③ 氧化铜燃烧法。高温状态的氧化铜具有氧化性，氢气、一氧化碳、甲烷等可燃性气体与之接触时，能发生缓慢燃烧。将可燃性气体在一定温度下通过氧化铜燃烧管，在燃烧管中可燃性气体与氧化铜进行反应。氧化铜燃烧法的特点在于被分析的气体中不必加入为燃烧所需的氧气。氢和一氧化碳在 280℃ 左右可在氧化铜上燃烧，甲烷在 600℃ 以上氧化铜上可以燃烧完全。反应如下：

$$H_2 + CuO \longrightarrow Cu + H_2O$$

$$CO + CuO \longrightarrow Cu + CO_2$$
$$CH_4 + 4CuO \longrightarrow 4Cu + CO_2 + 2H_2O$$

由于在测定过程中不需另外加入氧气或空气，可以减少测量气体的次数，从而减小误差。

2. 燃烧法的计算

（1）一元可燃性气体燃烧后的计算　如果气体混合物中只含有一种可燃性气体，测定过程和计算都比较简单。先用吸收法除去其他组分（如二氧化碳、氧等），再取一定量的剩余气体（或全部），加入一定量的空气使之燃烧。燃烧后，测出其体积的缩减及生成的二氧化碳体积。根据燃烧法的原理，计算出可燃性气体的含量。

例：有 CO_2、CH_4、N_2 的混合气体 75.00mL，用吸收法测定 CO_2 后，通入空气使剩余气体燃烧，燃烧后的气体用氢氧化钾溶液吸收，测得生成的 CO_2 的体积为 15.00mL，计算混合气体中甲烷的体积分数 $\varphi(CH_4)$。

解：甲烷的燃烧反应为

$$CH_4 + 2O_2 \longrightarrow CO_2 + 2H_2O$$

甲烷燃烧时生成 CO_2 体积等于混合气体中甲烷的体积，即

$$V(CH_4) = V(CO_2) = 15.00 \text{mL}$$

所以
$$\varphi(CH_4) = \frac{15.00}{75.00} \times 100\% = 20.00\%$$

（2）二元可燃性气体混合物燃烧后的计算　如果气体混合物中含有两种可燃性气体组分，先用吸收法除去干扰组分，再取一定量的剩余气体（或全部）加入过量的空气，使之进行燃烧。燃烧后，测量其体积缩减、生成二氧化碳的体积，根据燃烧法的基本原理，列出二元一次方程组，解其方程，即可得出可燃性气体的体积。并计算出混合气体中的可燃性气体的体积分数。

① 一氧化碳和甲烷的混合物。一氧化碳和甲烷气体混合物的燃烧反应为：

$$2CO + O_2 \longrightarrow 2CO_2$$
$$CH_4 + 2O_2 \longrightarrow CO_2 + 2H_2O$$

燃烧后，由一氧化碳所引起的体积缩减应为原一氧化碳体积 $V(CO)$ 的 1/2。由甲烷所引起的体积缩减应为原甲烷体积 $V(CH_4)$ 的 2 倍。而燃烧后，测得的应为其总体积的缩减 V_{sj}。所以

$$V_{sj} = \frac{1}{2}V(CO) + 2V(CH_4)$$

由于一氧化碳和甲烷燃烧后，生成与原一氧化碳和甲烷等体积的二氧化碳，而经燃烧后，测得的应为总二氧化碳的体积 $V(CO_2)$。所以

$$V(CO_2)=V(CO)+V(CH_4)$$

由以上两个方程，解得：

$$V(CO)=\frac{1}{3}[4V(CO_2)-2V_{sj}]$$

$$V(CH_4)=\frac{1}{3}[2V_{sj}-V(CO_2)]$$

② 氢和甲烷混合物。氢和甲烷气体混合物的燃烧反应为：

$$2H_2+O_2 \longrightarrow 2H_2O$$

$$CH_4+2O_2 \longrightarrow CO_2+2H_2O$$

燃烧后，由氢所引起的体积缩减为原氢体积 $V(H_2)$ 的 3/2。由甲烷所引起的体积缩减为原甲烷体积 $V(CH_4)$ 的 2 倍。而燃烧后测得的是其总体积缩减 V_{sj}。所以

$$V_{sj}=\frac{3}{2}V(H_2)+2V(CH_4)$$

由于甲烷在燃烧时生成二氧化碳的体积与原甲烷的体积相等，而氢则反应生成水。所以

$$V(CO_2)=V(CH_4)$$

解联立方程得：

$$V(CH_4)=V(CO_2)$$

$$V(H_2)=\frac{2V_{sj}-4V(CO_2)}{3}$$

第二节 大气污染物分析

一、大气污染物样品的采集

1. 大气污染物概述

清洁空气的主要组分：氮 78.6%，氧 20.95%，氩 0.93%，其他小于 0.1%。空气污染的主要原因：现代工业、交通运输业等的迅速发展，煤和石油的大量使用，乱砍滥伐等自然生态平衡体系的破坏等。

大气污染物的存在状态：一是分子状态，如二氧化碳、氮氧化物、一氧化

碳、氯化氢、氯气、臭氧等；二是粒子状态，如微小液体和固体微小颗粒。

危害较大的污染物：SO_2、CO、CO_2、氮氧化物、臭氧、光化学烟雾、粉尘。

2. 样品的采集

所谓采样就是采集试样。采集样品的代表性决定监测结果的准确性，而试样的代表性首先决定于采样点布设的合理性。

样品采样方法好坏直接影响数据监测结果准确性。

根据被测物质在大气中的存在状态和浓度，以及所用分析方法的灵敏度，可用不同的采样法。

选择采样方法应根据：① 污染物的存在状态；② 污染物的浓度；③ 分析方法灵敏度；④ 污染物物理化学性质。

3. 采样的方法

根据污染物浓度的高低，大气中污染物的采样方法分为直接采样法和富集（浓缩）采样法。

（1）直接采样法　当大气中被测组分浓度较高或分析方法很灵敏时，可用直接采样法。根据气体试样的性质和用量选用。

① 塑料袋：不发生化学反应，也不吸附、不渗漏，常用的有聚四氟乙烯袋、聚乙烯袋及聚酯袋等。

② 注射器：抽洗 2～3 次。

③ 采气管。

④ 真空瓶。

各装置的示意图如图5-4所示。

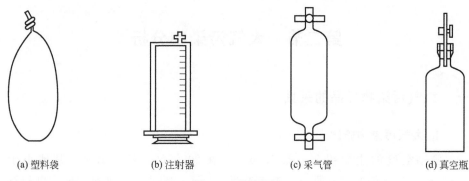

(a) 塑料袋　　(b) 注射器　　(c) 采气管　　(d) 真空瓶

图 5-4　采样装置

（2）富集（浓缩）采样法　当大气中被测组分浓度较低或分析方法灵敏度

不够高时，可用富集（浓缩）采样法。

富集（浓缩）采样法有：溶液吸收法、固体阻留法、低温冷凝法。

① 溶液吸收法。这种方法是大气污染物分析中最常用的样品浓缩方法，它主要用于采集气态和蒸气态的污染物。

a. 原理。气泡与溶液接触，气泡中的待测物通过接触面发生反应（溶解、中和、氧化还原、沉淀、络合），从而浓缩下来。

吸收原理：气体分子溶解于溶液中的物理作用，气体分子与吸收液发生化学反应。气液接触面越大，吸收速度越快，吸收效率越高。

b. 步骤。准备一个气体吸收管，内装吸收液，后面接有抽气装置，以一定的气体流量，通过吸收管抽入空气样品。当空气通过吸收液时，被测组分的分子被吸收在吸收液中。采样结束后，倒出吸收液，分析吸收液中被测物的含量，根据采样体积和被测组分的含量计算大气中污染物的浓度。

c. 吸收管的种类。几种常见吸收管（瓶）如图 5-5 所示。

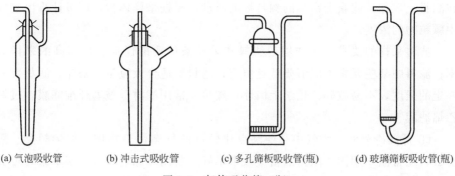

(a) 气泡吸收管　(b) 冲击式吸收管　(c) 多孔筛板吸收管(瓶)　(d) 玻璃筛板吸收管(瓶)

图 5-5　气体吸收管（瓶）

气泡吸收管：适用于采集气态和蒸气态物质。

冲击式吸收管：适用于采集气溶胶物质。

多孔筛板吸收管（瓶）：除适用于采集气态和蒸气态物质外，也能采集气溶胶物质。

气样通过吸收管（瓶）的筛板后，被分散成很小的气泡，且阻留时间长，大大增加了气液接触面积，从而提高了吸收效果。

d. 吸收液的选择。溶液吸收法常用水、水溶液和有机溶剂作吸收液。

吸收液的选择原则：

Ⅰ. 吸收液应对被采集的物质溶解度大或化学反应速率快；

Ⅱ. 污染物质被吸收液吸收后，要有足够的稳定时间，以满足分析测定所需时间的要求；

Ⅲ. 污染物质被吸收后，应有利于下一步的分析测定；

Ⅳ. 吸收液毒性小、价格低，易于得到，且尽可能回收利用；

Ⅴ. 选择性好。

② 固体阻留法。

a. 填充柱阻留法。

原理：使气态物质从填充固态物质的填充柱中通过，由于填充剂对气体的选择性吸附、分配或表面化学反应作用，将待测组分阻留在填充柱中，从而达到气体的采集和浓缩。

分类：根据填充柱阻留作用原理，可分为吸附型、分配型、反应型三种类型。吸附型的填充剂是吸附剂，如活性炭、硅胶、分子筛等；分配型的填充剂是气相色谱柱填充物；反应型的填充剂是能跟被测组分起反应的物质。

b. 滤料阻留法。用滤膜采集总悬浮微粒，用浸渍过试剂的滤膜采集氟化物、砷化物。滤料阻留法称为滤料采样法，它主要用来采集大气气溶胶。

原理：将滤膜放在采样夹上，用抽气装置抽气，则空气中的颗粒物被阻留在滤膜上，称量滤膜上富集的颗粒物的质量，根据采样体积，即可计算出空气中颗粒物的浓度。

滤料采样的要求：所选用的滤料和采样条件要能保证有足够高的采样效率；滤料中某些元素本底值要低且恒定；滤料要适合大流量的采样；滤材要有一定的强度，不易破碎；化学上惰性；廉价。常用滤材：玻璃纤维滤膜，过氯乙烯滤膜。

③ 低温冷凝法。大气中某些沸点比较低的气态污染物质，如烯烃类、醛类等，在常温下用固体阻留法富集效果不好，若用冷冻剂将其冷凝下来，可提高采样效率。

二、大气污染物的测定

1. 二氧化硫的测定

二氧化硫是主要的大气污染物，来源于煤和石油的燃烧、含硫矿石的冶炼、硫酸工业等。大气中二氧化硫浓度过高，易形成酸雨，对植物有害，对人及其他动物也有伤害。

常用的测定方法有酸碱滴定法、碘量法、四氯汞盐-盐酸副玫瑰苯胺比色法、库仑滴定法、电导法、紫外荧光法、甲醛吸收-副玫瑰苯胺分光光度法等。

我国《环境空气质量标准》（GB 3095—2012）规定的标准分析方法是四氯汞盐-盐酸副玫瑰苯胺分光光度法，该方法具有灵敏度高、选择性好等优点，但吸收液毒性较大。

(1) 四氯汞盐-盐酸副玫瑰苯胺比色法

① 原理。大气中的二氧化硫被四氯汞钾溶液吸收后,生成稳定的二氯亚硫酸盐络合物,此络合物再与甲醛及盐酸副玫瑰苯胺发生反应,生成紫红色的络合物,其颜色深浅与 SO_2 含量成正比,用分光光度法在波长 575nm 处测吸光度。

② 说明及注意事项。

a. 氮氧化物、臭氧、重金属有干扰。加入氨基磺酸铵溶液放置 10min 可消除氮氧化物的干扰,反应为:$2HNO_2 + NH_2SO_2ONH_4 \longrightarrow H_2SO_4 + 3H_2O + 2N_2\uparrow$;臭氧在采样后放置 20min 即可自行分解而消失;重金属离子的干扰,在配制吸收剂时,加入 EDTA 作掩蔽剂得以消除,用磷酸代替盐酸配制副玫瑰苯胺溶液,有利于掩蔽重金属离子的干扰。

b. 盐酸的浓度对显色反应的影响:浓度过大,显色不完全;过小,副玫瑰苯胺呈本身色(红色)。所以在制备盐酸副玫瑰苯胺溶液时,必须经过调节试验,严格控制盐酸用量。

(2) 甲醛吸收-副玫瑰苯胺分光光度法

① 原理。二氧化硫被甲醛缓冲溶液吸收后,生成稳定的羟基磺酸加成化合物。在样品中加入氢氧化钠使加成化合物分解,释放出二氧化硫与副玫瑰苯胺、甲醛作用,生成紫红色化合物,用分光光度计在 577nm 处进行测定。

② 说明及注意事项。

a. 主要干扰物为氮氧化物、臭氧及某些重金属元素。样品放置一段时间可使臭氧自动分解;加入氨基磺酸钠溶液可消除氮氧化合物的干扰;加入环己二胺四乙酸二钠溶液(CDTA)可以消除或者减少某些金属离子的干扰。

b. 正确掌握本标准的显色温度、时间,特别是在 25~30℃ 条件下,严格控制反应条件是实验成败的关键。

2. 二氧化氮的测定

(1) 分光光度法原理　测定大气中微量的二氧化氮,通常采用偶氮染料比色法。方法的实质是"格里斯反应",即二氧化氮溶解于水,生成硝酸和亚硝酸:

$$2NO_2 + H_2O \Longrightarrow HNO_3 + HNO_2$$

在 pH<3 的乙酸酸性溶液中,亚硝酸和对氨基苯磺酸进行重氮化反应,生成重氮盐,然后,重氮盐再和 N-(1-萘基)乙二胺盐酸偶合,生成紫红色偶氮染料,其颜色的深浅与 NO_2 的含量成正比。

(2) 说明及注意事项

① 吸收液氨的浓度不能过大，以免有 NH_3 产生，而 NH_3 与 NO_2 反应，使结果偏低，反应如下：
$$2NO_2 + 2NH_3 =\!=\!= NH_4NO_3 + N_2\uparrow + H_2O$$
② 重氮盐易分解，所以反应时，避免光照和温度过高。
③ 重氮化和偶合反应都是分子反应，较为缓慢，偶氮染料又不够稳定，所以显色后，在 1h 内必须完成测定。

第六章 化工生产分析

化工企业使化工原料经过单元过程和单元操作而制得的可作为生产资料和生活资料的成品，都是化工产品。对这些化工产品的生产分析是化工分析技术的重要内容。

第一节 化工生产概述

化工生产分析主要是对化工产品生产过程中的原料、中间产品及最终产品的分析，用以评定原料和产品的质量，检查工艺过程是否正常，及时发现、消除生产的缺陷，减少废品，正确指导生产，提高产品质量。

一、原料分析

化工原料是化工生产加工的对象，可以是原始矿产物或其他企业的产品等。企业可以根据生产工艺要求选择原料，或根据原料的组成确定生产工艺。对以原始矿物为原料的分析，主要是确定原料的主要成分是否符合生产工艺的要求，以及所含杂质对生产工艺的影响等。用其他企业的产品作为原料时，其质量指标要符合相关标准的规定，检验方法也必须按相关技术标准进行。原料的分析结果应送交企业质检部门和生产指挥控制部门，以确定生产工艺条件和投料配比等，确保生产的正常进行。

二、中间控制分析

对化工生产中间产品的分析称为中间控制分析，简称为中控分析。对中间产品没有质量指标的限制，只需符合生产工艺的要求，对分析结果的精度要求相对较低，但要求在较短时间内获得分析结果。所以，常用快速化学分析方法，现代化的化工企业更多的是采用自动分析仪器进行在线分析，即通过网络系统和计算机处理系统，将各分析控制点获得的数据发送到控制中心，并由控制中心根据分析结果进行处理，将处理结果及时反馈到各个生产控制点，自动调整工艺条件和参数，完成自动化生产。该现代化的分析方法是工业分析发展的趋势。

三、产品质量分析

化工产品质量分析的主要任务是对其主成分含量进行检测，对杂质含量、外观和物理指标进行检验。其常规性检测指标有砷、氯化物、铁、重金属、水分等，有些产品要求测定浊度、色度、澄清度等物理指标；有些化工产品还要求测定相关的物理性质如熔点、沸点、密度等指标。

对化工产品的质量指标是有严格限制的，应符合国家或行业等技术标准的规定。对主成分的分析，必须采用标准分析法，精确度要求较高。对杂质的分析，也应按技术标准规定的方法进行。对不同的分析项目有不同的精度要求，有些分析项目因含量较低，对项目的控制指标以不超过某一标准值为目的，故称为限量分析。尽管杂质的实际含量很小，但和主成分含量测定具有同样重要的作用。若主成分含量达到标准规定的要求，但只要有一项杂质含量不能达到标准规定的要求，同样判为不合格产品。

第二节　工业硫酸生产分析

一、硫酸生产工艺

硫酸是重要的化工基本原料，广泛应用于化肥、化工、轻工、纺织、冶金和医药等行业。硫酸在化肥方面的消费量约占其总消费量的70%。因此，化肥工业的发展直接影响硫酸行业的发展。

工业上主要采用接触法生产硫酸，其工艺流程依采用的原料种类而异。接触法生产硫酸的原料主要有黄铁矿、硫黄、冶炼烟气等，我国一直以黄铁矿为主要原料。

1. 黄铁矿制酸

将黄铁矿原料处理后，加入沸腾焙烧炉，通入空气进行氧化焙烧，产生的

二氧化硫气体经净化后进入转化器转化为三氧化硫,再经 98.3% 硫酸吸收,即得成品硫酸。其反应式为:

$$4FeS_2 + 11O_2 \longrightarrow 8SO_2 + 2Fe_2O_3$$
$$2SO_2 + O_2 \longrightarrow 2SO_3$$
$$SO_3 + H_2O \longrightarrow H_2SO_4$$

2. 硫黄制酸

将硫黄经熔融、焚烧产生二氧化硫气体,经废热锅炉、过滤器,再通入空气氧化转化为三氧化硫,经冷却、98.3% 硫酸吸收,制得成品硫酸。其反应式为

$$S + O_2 \longrightarrow SO_2$$
$$2SO_2 + O_2 \longrightarrow 2SO_3$$
$$SO_3 + H_2O \longrightarrow H_2SO_4$$

3. 冶炼烟气制酸

利用有色金属冶炼时产生的二氧化硫烟气为原料,将其中的二氧化硫通过转化器转化为三氧化硫,再经 98.3% 硫酸吸收,制得成品硫酸。其反应式为

$$2SO_2 + O_2 \longrightarrow 2SO_3$$
$$SO_3 + H_2O \longrightarrow H_2SO_4$$

在硫酸生产中,分析的主要对象是原料矿石、炉渣、中间气体及成品硫酸。

二、原料矿石和炉渣中硫的测定

黄铁矿的主要成分 FeS_2 及少量单质硫,在焙烧时产生二氧化硫,这部分硫称为有效硫,对硫酸生产有实际意义。另一部分硫以硫酸盐形式存在,不能生成二氧化硫。有效硫和硫酸盐中硫之和称为总硫。在硫酸生产分析中,主要测定黄铁矿及残留于炉渣中的有效硫。由于在焙烧过程中可能有部分有效硫会转变为硫酸盐,致使有效硫烧出率的计算结果发生偏差,所以需定期测定总硫。

1. 有效硫的测定

试样在 850℃ 空气流中燃烧,单质硫和硫化物中硫转变为二氧化硫气体逸出,用过氧化氢溶液吸收并氧化成硫酸,以甲基红-亚甲基蓝为混合指示剂,用氢氧化钠标准溶液滴定,根据氢氧化钠标准溶液的浓度及其滴定消耗的体积,由下式可计算有效硫的含量(以质量分数表示):

$$w(\mathrm{S}) = \frac{cVM(\mathrm{S})}{2m \times 1000}$$

式中 c——氢氧化钠标准溶液的浓度，mol·L^{-1}；

V——氢氧化钠标准溶液的体积，mL；

$M(\mathrm{S})$——硫原子的摩尔质量，32.07g·mol^{-1}；

m——试样质量，g。

2. 总硫的测定

测定总硫的含量通常采用硫酸钡重量法。根据试样分解的方法可分为烧结分解-硫酸钡沉淀重量法和逆王水溶解-硫酸钡沉淀重量法。

① 烧结分解-硫酸钡沉淀重量法。取一定量的黄铁矿或矿渣试样与烧结剂（Na_2CO_3＋ZnO）混合，烧结后试样中的硫转化为硫酸盐，与原来的硫酸盐一起用水浸取后进入溶液。在碱性条件下，用中速滤纸滤除大部分氢氧化物和碳酸盐。再在酸性溶液中用氯化钡溶液沉淀硫酸盐，经过滤、洗涤、干燥后，得到硫酸钡，称量，由此可计算试样中总硫的质量分数。

② 逆王水溶解-硫酸钡沉淀重量法。取一定量的黄铁矿或矿渣试样经逆王水（3体积的浓硝酸和1体积的浓盐酸混合）溶解后，其中硫化物中的硫被氧化为硫酸，同时硫酸盐被溶解。为了防止单质硫的析出，溶解时可加入一定量的氧化剂氯酸钾，使单质硫转化为硫酸。用氨水沉淀分离铁盐后，加入氯化钡，将 SO_4^{2-} 沉淀为硫酸钡，沉淀经过滤、洗涤、干燥、称量，由称得硫酸钡的质量即可计算试样中总硫含量，其计算公式同烧结分解法。相关反应式为：

$$FeS_2 + 5HNO_3 + 3HCl \longrightarrow 2H_2SO_4 + FeCl_3 + 5NO\uparrow + 2H_2O$$

$$S + KClO_3 + H_2O \longrightarrow H_2SO_4 + KCl$$

$$FeCl_3 + 3NH_3 \cdot H_2O \longrightarrow Fe(OH)_3\downarrow + 3NH_4Cl$$

$$H_2SO_4 + BaCl_2 \longrightarrow BaSO_4\downarrow + 2HCl$$

三、生产过程中二氧化硫和三氧化硫的测定

在硫酸生产中，焙烧炉出口气及尾气中都含有一定量的二氧化硫和三氧化硫气体。二氧化硫的测定，是控制整个硫酸生产过程的主要环节之一。测定焙烧炉气中二氧化硫含量可检验焙烧炉的运转情况，据此对转化炉的工艺条件进行调整，以获得较高的转化率。测定转化炉出口气（转化气）中二氧化硫和三氧化硫的含量，既可确定二氧化硫的转化率，也是检验转化炉运转正常与否的依据。

1. 二氧化硫的测定——碘-淀粉溶液吸收法

（1）方法原理　在反应管中放置一定量的碘标准溶液和淀粉溶液，将含有二氧化硫的混合气通入后，二氧化硫被碘氧化为硫酸，其反应式为

$$SO_2 + I_2 + 2H_2O \longrightarrow H_2SO_4 + 2HI$$

当碘标准溶液作用完毕时，溶液的蓝色消失，即将其余气体收集于量气管中，根据碘标准溶液的用量和余气的体积，即可计算出被测气体中二氧化硫的含量。

（2）仪器　二氧化硫的测定装置如图 6-1 所示。

（3）试剂

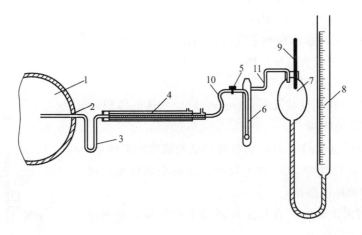

图 6-1　二氧化硫测定装置示意图
1—气体管道（横截面）；2—取样管；3—过滤管；4—冷凝管；5—旋塞；
6—反应管；7—吸气瓶；8—量气管；9—温度计；10，11—导气管

① 碘标准溶液，$c(I_2) = 0.1 \text{mol} \cdot \text{L}^{-1}$。

② 淀粉溶液，$5\text{g} \cdot \text{L}^{-1}$。

③ 封闭液（氯化钠饱和溶液，含有少量硫酸及甲基橙指示剂，显红色）。

（4）测定步骤

① 精确移取 $0.1 \text{mol} \cdot \text{L}^{-1}$ 碘标准溶液于反应管中，加入 $5\text{g} \cdot \text{L}^{-1}$ 淀粉溶液 2mL，稀释至反应管高度的 3/5 处，拆开导气管 10 及 11，分别和反应管的入口及出口连接。小心上下移动量气管，至管内液面和吸收瓶内液面在同一水平线上，记录量气管液面刻度。

② 打开旋塞，缓缓降低量气管，使分析气体以每秒钟 2~3 个气泡的速度通过仪器系统，直至反应管中溶液蓝色恰好褪去，立即关闭旋塞，使量气管和

吸气瓶的液面处于同一水平线上，记录量气管液面刻度、气体温度和大气压力。

(5) 结果计算

以体积分数 φ 表示二氧化硫含量，其计算公式如下：

$$\varphi(SO_2) = \frac{cV \times 21.98}{V_t \times \frac{p-p_w}{p_s} \times \frac{273}{273+t} cV \times 21.98}$$

式中 c——碘标准溶液的浓度，$mol \cdot L^{-1}$；

V——碘标准溶液的体积，mL；

V_t——吸收后剩余气体体积，mL；

p——大气压力，Pa；

p_w——t 时水的饱和蒸气压，Pa；

p_s——标准大气压，Pa；

t——气体温度，℃；

21.98——在标准状况下，1mmol SO_2 气体的体积，mL。

(6) 注意事项

① 应根据样品中 SO_2 含量确定试剂浓度和取样量。如焙烧炉出口气中 SO_2 含量较高，应减小取样量，使用较浓的碘标准溶液。

② 对温度较高、含粉尘较多的生产气体，必须冷却、过滤后再测定。

2. 三氧化硫的测定——吸收-中和法

(1) 方法原理 生产气体中的二氧化硫和三氧化硫经水吸收分别生成亚硫酸和硫酸，以酚酞为指示剂，用 NaOH 标准溶液滴定，测定总酸量。再以淀粉为指示剂，用碘标准溶液滴定，测定其中的亚硫酸。用总酸量减去亚硫酸的量即可得三氧化硫的量。

(2) 仪器 三氧化硫测定装置示意图见图 6-2。

(3) 试剂

① 氢氧化钠标准滴定溶液，$0.1mol \cdot L^{-1}$。

② 碘标准滴定溶液，$0.05mol \cdot L^{-1}$。

③ 酚酞指示剂，$10g \cdot L^{-1}$。

(4) 测定步骤

① 向吸收瓶及橡皮管 2 中充满蒸馏水，橡皮管 5

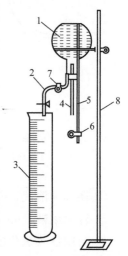

图 6-2 三氧化硫测定装置示意图

1—吸收瓶（倒置的平底烧瓶，0.5~1L）；2, 5—橡皮管；3—量筒（1L）；4—温度计；6, 7—弹簧止水夹；8—铁架台；另配一个测负压用的压力计

充满分析气体,置于铁架台的铁圈上,量筒置于橡皮管 2 下方。

② 将橡皮管 5 与取样管连接,打开弹簧止水夹 6 和 7,至量筒中水达到一定标线时(吸收瓶中剩余水量约为 100mL),夹紧弹簧止水夹 6 和 7,停止进样。

③ 取下吸收瓶(仍倒置),激烈振荡至瓶内雾气消失,正置吸收瓶于实验台上。

④ 将橡皮管 2 与微型压力计连接,打开弹簧止水夹测出吸收瓶内的负压,同时记录瓶内气体温度及大气压力。

⑤ 以少量水冲洗橡皮管 5、温度计、瓶塞及瓶颈,冲洗液并入吸收液中。

⑥ 在吸收瓶中加入 2~4 滴 $10g \cdot L^{-1}$ 酚酞指示剂,用 $0.1mol \cdot L^{-1}$ NaOH 标准溶液滴定至粉红色 30s 不褪即为终点。记录滴定消耗 NaOH 标准溶液的体积。再加入 3mL $5g \cdot L^{-1}$ 淀粉溶液,用 $0.05mol \cdot L^{-1}$ 碘标准溶液滴定,至溶液呈蓝色即为终点。记录滴定消耗碘标准溶液的体积。

⑦ 结果计算。以体积分数表示三氧化硫含量,计算公式如下:

$$\varphi(SO_3) = \frac{(c_1V_1 - 2c_2V_2) \times \frac{22.4}{2}}{V_t \times \frac{p+p_0-p_w}{p_s} \times \frac{273}{273+t} + (c_1V_1 - 2c_2V_2) \times \frac{22.4}{2} + c_2V_2 \times 21.98}$$

式中 c_1——氢氧化钠标准滴定溶液浓度,$0.1mol \cdot L^{-1}$;

V_1——氢氧化钠标准滴定溶液体积,mL;

c_2——碘标准滴定溶液的浓度,$mol \cdot L^{-1}$;

V_2——碘标准滴定溶液的体积,mL;

V_t——采取试样体积(量筒中收集水的体积),mL;

p——大气压力,Pa;

p_0——吸收后瓶内剩余气体的负压,Pa;

p_w——t(℃)时水的饱和蒸气压,Pa;

p_s——标准大气压,Pa;

t——气体温度,℃;

22.4——在标准状况下,1mmol SO_3 气体的体积,mL。

21.98——在标准状况下,1mmol SO_2 气体的体积,mL。

(5) 注意事项

① 根据试样中气体的含量选择适当容积的吸收瓶和量筒。SO_3 含量较高的气体,选择容积较小的吸收瓶和量筒,反之,则选择较大的。

② 采样时,若气体试样带有酸味,应先除去才能取样。

四、产品硫酸的分析

工业硫酸分为浓硫酸和发烟硫酸两类，其技术指标见表 6-1。

表 6-1 工业硫酸技术指标（GB/T 534—2014）

指标名称	浓硫酸			发烟硫酸		
	优等品	一等品	合格品	优等品	一等品	合格品
硫酸（H_2SO_4）的质量分数/% ≥	92.5 或 98.0	92.5 或 98.0	92.5 或 98.0	—	—	—
游离三氧化硫（SO_3）的质量分数/% ≥	—	—	—	20.0 或 25.0	20.0 或 25.0	20.0 或 25.0 或 65.0
灰分的质量分数/% ≤	0.02	0.03	0.10	0.02	0.03	0.10
铁（Fe）的质量分数/% ≤	0.005	0.010	—	0.005	0.010	0.030
砷（As）的质量分数/% ≤	0.0001	0.001	0.01	0.0001	0.0001	—
汞（Hg）的质量分数/% ≤	0.001	0.01	—	—	—	—
铅（Pb）的质量分数/% ≤	0.005	0.02	—	0.005	—	—
透明度/mm ≥	80	50	—	—	—	—
色度	不深于标准色度	不深于标准色度	—	—	—	—

注：指标中的"—"表示该类别产品的技术要求中没有此项目。

下面就其中硫酸、发烟硫酸中游离三氧化硫、灰分、铁的内容进行详细分析。

1. 硫酸含量和发烟硫酸中游离三氧化硫含量的计算

（1）方法提要 以甲基红-亚甲基蓝为指示剂，用氢氧化钠标准溶液中和滴定，以测得硫酸含量。或由测得的硫酸含量换算成游离三氧化硫含量。

（2）试剂

① 氢氧化钠标准滴定溶液，$0.5 \text{mol} \cdot \text{L}^{-1}$。

② 甲基红-亚甲基蓝混合指示剂。将亚甲基蓝乙醇溶液（$1\text{g} \cdot \text{L}^{-1}$）与甲基红乙醇溶液（$1\text{g} \cdot \text{L}^{-1}$）按 1∶2 体积比混合。

（3）仪器 玻璃安瓿球。

（4）测定步骤

① 浓硫酸试样溶液的制备。用已称量的带磨口盖的小称量瓶，称取约 0.7g 试样（精确至 0.0001g），小心移入盛有 50mL 水的 250mL 锥形瓶中，冷却至室温，备用。

② 发烟硫酸试样溶液的制备。

a. 将安瓿球称量（精确至 0.0001g），在微火上烤热球部，迅速将该球之毛细管插入试样中，吸入约 0.4～0.7g 试样，立即用火焰将毛细管顶端烧结封闭，并用小火将毛细管外壁所沾上的酸液烤干，再称量。

b. 将上述称量的安瓿球放入盛有 100mL 水的 500mL 具塞锥形瓶中，塞紧瓶塞，用力振摇以粉碎安瓿球，继续振摇直至雾状三氧化硫气体消失，打开瓶塞，用水冲洗瓶塞，再用玻璃棒轻轻压碎安瓿球的毛细管，用水冲洗瓶颈及玻璃棒，备用。

③ 滴定。

a. 于浓硫酸试样溶液中，加入 2～3 滴甲基红-亚甲基蓝混合指示剂，用氢氧化钠标准溶液滴定至溶液呈灰绿色即为终点。

b. 于发烟硫酸试样溶液中，加入 2～3 滴甲基红-亚甲基蓝混合指示剂，用氢氧化钠标准溶液滴定至溶液呈灰绿色即为终点。

④ 结果计算。

a. 浓硫酸。工业硫酸中硫酸的质量分数 w_1 用下式计算：

$$w_1 = \frac{cVM}{m \times 2000} \times 100\%$$

式中　c——氢氧化钠标准滴定溶液的浓度，$mol \cdot L^{-1}$；

　　　V——滴定耗用的氢氧化钠标准滴定溶液体积，mL；

　　　M——硫酸的摩尔质量，$g \cdot mol^{-1}$；

　　　m——试样质量，g。

取平行测定结果的算术平均值作为测定结果，下同。

b. 发烟硫酸。发烟硫酸中游离三氧化硫的质量分数 w_2 可按下式计算：

$$w_2 = 4.444 \times (w_1 - 1) \times 100\%$$

式中　w_1——按上述浓硫酸中硫酸的质量分数计算公式计算的发烟硫酸中硫酸的质量分数；

　　　4.444——游离三氧化硫含量的换算系数。

(5) 允许差　浓硫酸中硫酸含量平行测定结果允许绝对偏差不大于 0.2%，发烟硫酸中游离三氧化硫含量平行测定结果允许绝对偏差不大于 0.6%。

2. 灰分的测定

(1) 方法提要　试样蒸发至干，灼烧，冷却后称量。

(2) 仪器

① 铂皿（或石英皿、瓷皿），容量 60～100mL。

② 高温电炉，可控制温度（800±50）℃。

(3) 测定步骤

① 将铂皿于高温电炉内，在 (800±50)℃下灼烧 15min，置于干燥器中，冷却至室温，称量，精确至 0.0001g。

② 称取 25~50g 试样于铂皿中（精确至 0.01g），在沙浴（或可调温电炉）上小心加热蒸发至干，移入高温电炉内，在 (800±50)℃下灼烧 15min，取出铂皿，置于干燥器中，冷却至室温后称量，精确至 0.0001g。

(4) 分析结果的计算　工业硫酸中灰分的质量分数 w 可按下式计算：

$$w = \frac{m_1}{m} \times 100\%$$

式中　m_1——灼烧后灰分的质量，g；

m——试样质量，g。

(5) 允许差　平行测定结果的允许相对偏差见表 6-2。

表 6-2　灰分平行测定结果允许相对偏差

灰分的质量分数/%	允许相对偏差/%
>0.020	≤10
≤0.020	≤20

3. 铁含量的测定

(1) 邻菲咯啉分光光度法（仲裁法）

① 方法提要。试样蒸干后，残渣溶解于盐酸中，用盐酸羟胺还原溶液中的铁，在 pH 值为 2~9 条件下，二价铁离子与邻菲咯啉反应生成橙色配合物，对此配合物作吸光度测定。

② 试剂。

a. 硫酸溶液 (1+1)。

b. 盐酸溶液 (1+10)。

c. 盐酸羟胺溶液，$10g \cdot L^{-1}$。

d. 乙酸-乙酸钠缓冲溶液，pH≈4.5。

e. 邻菲咯啉盐酸溶液，$1g \cdot L^{-1}$。称取 0.1g 邻菲咯啉溶于少量水中，加入 0.5mL 盐酸溶液 (1+10)，溶解后用水稀释至 100mL，避光保存。

f. 铁标准溶液（$0.100mg \cdot mL^{-1}$）。称取 0.8635g 的硫酸铁铵（精确至 0.0001g），溶解于 200mL 水中，移至 1000mL 容量瓶中，加入 5mL 浓盐酸，用水稀释至刻度，摇匀。

g. 铁标准溶液（$0.010mg \cdot mL^{-1}$）。吸取 $0.100mg \cdot mL^{-1}$ 铁标准溶液 10.0mL 于 100mL 容量瓶中，用水稀释至刻度，摇匀。此溶液使用时现配。

③ 仪器分光光度计。

④ 测定步骤。

a. 试液的制备。称取 10～20g 试样（精确至 0.01g）置于 50mL 烧杯中，在沙浴（或可调电炉）上蒸发至干，冷却，加入 2mL 盐酸（1+10）和 25mL 水，加热使其溶解，移入 100mL 容量瓶中，用水稀释至刻度，摇匀，备用。

若用测定灰分后的灼烧残渣测铁，则先用 5mL 硫酸（1+1）溶解残渣，蒸干，冷却，加入 2mL 盐酸（1+10）和 25mL 水，加热使其溶解，移入 100mL 容量瓶中，用水稀释至刻度，摇匀，备用。

b. 工作曲线的制作。

Ⅰ. 标准显色溶液的制备 取 11 个 50mL 容量瓶，按表 6-3 所示，分别加入 0.010mg·mL^{-1} 铁标准溶液。

表 6-3 铁标准显色溶液的制备

编号	铁标准溶液体积/mL	对应铁质量浓度/mg·mL^{-1}
0	0[①]	0
1	2.5	25
2	5.0	50
3	7.5	75
4	10.0	100
5	12.5	125
6	15.0	150
7	17.5	175
8	20.0	200
9	22.5	225
10	25.0	250

① 空白溶液。

对每一个容量瓶中的溶液做下述处理：加水至约 25mL，加入 10g·L^{-1} 盐酸羟胺溶液 2.5mL，乙酸-乙酸钠缓冲溶液（pH 4.5）5mL，5min 后加 1g·L^{-1} 邻菲啰啉溶液 5mL，用水稀释至刻度，摇匀，放置 15～30min，显色。

Ⅱ. 吸光度的测量。在 510nm 波长处，用 1cm 吸收池，以水为参比，测出各标准显色溶液的吸光度。

Ⅲ. 绘制工作曲线。用每一标准显色溶液的吸光度减去空白溶液的吸光度，以所得吸光度值为纵坐标，对应铁的质量浓度为横坐标绘制工作曲线。

c. 试样的测定。

Ⅰ. 显色。取一定量的试液，置于 50mL 容量瓶中，加水至约 25mL，加入 10g·L^{-1} 盐酸羟胺溶液 2.5mL，乙酸-乙酸钠缓冲溶液（pH 4.5）5mL，5min 后加 1g·L^{-1} 邻菲咯啉溶液 5mL，用水稀释至刻度，摇匀，放置 15～30min，显色。

Ⅱ.吸光度的测量。以水为参比，测量试液的吸光度。

d. 空白试验。在测定试液的同时，以同样的步骤、同样量的试剂做空白试验。

⑤ 分析结果的计算。从试液的吸光度减去空白试验的吸光度，所得吸光度差值从工作曲线查出对应的铁质量，并按试液吸取比例计算试样中铁的含量，试样中铁的质量分数 w 的计算公式如下：

$$w = \frac{m}{m_0} \times 100\%$$

式中　m——试样中铁的质量，g；

　　　m_0——试样质量，g。

⑥ 允许差。平行测定结果允许相对偏差见表 6-4。

表 6-4　铁含量平行测定结果允许相对偏差

铁的质量分数/%	允许相对偏差/%
＞0.005	＜10
＜0.005	＜20

(2) 原子吸收分光光度法

① 方法提要。试样蒸干后，残渣溶解于稀硝酸中，用原子吸收分光光度计在波长 248.3nm 下以空气-乙炔火焰测定铁的吸光度，用标准曲线法计算测定结果。硫酸中的杂质不干扰测定。

② 试剂。

a. 硝酸溶液（1+2）。

b. 铁标准溶液（1mg·mL^{-1}）。称取硫酸铁铵 8.635g，溶解于 600mL 水中，加 65mL 硝酸（1+1），移至 1000mL 容量瓶中，稀释至刻度，摇匀。

c. 乙炔，由乙炔钢瓶或乙炔发生器供给。

d. 空气，由空气压缩机供给。

③ 仪器。

a. 称量移液管，容量约 10mL。

b. 滴瓶，容量约 30mL。

c. 原子吸收分光光度计（附有铁空心阴极灯）。

④ 测定步骤。

a. 试液的制备。用装满试样的称量移液管或滴瓶，以差减法称取约 2g 试样（精确至0.01g）移置烧杯中，在沙浴（或可调电炉）上小心蒸发至干，冷却，加5mL硝酸溶液（1+2）和25mL水，加热溶解残渣，再蒸发至干，冷却，加5mL硝酸溶液（1+2）溶解残渣，移至10mL容量瓶中，用水稀释至刻度，摇匀，备用。

b. 工作曲线的制作。

Ⅰ. 铁标准系列溶液的制备。取6个100mL容量瓶，按表6-5所示，分别加入1mg·mL^{-1}铁标准溶液。再在每个容量瓶中加入50mL硝酸溶液（1+2），用水稀释至刻度，摇匀。

每次测定，均须同时制作工作曲线。

表6-5　铁标准系列溶液的制备

编号	铁标准溶液体积/mL	对应铁质量浓度/mg·mL^{-1}
0	0①	0
1	0.5	5
2	1.0	10
3	2.0	20
4	3.0	30
5	4.0	40

①空白溶液。

Ⅱ. 吸光度的测量。将原子吸收分光光度计调至最佳工作状态，点燃空气-乙炔火焰，以水净化燃烧器，使仪器稳定后，在波长248.3nm处测量铁标准系列溶液的吸光度。

Ⅲ. 工作曲线的绘制。用每一铁标准溶液的吸光度减去空白溶液的吸光度，以所得吸光度值为纵坐标，对应的铁质量浓度为横坐标绘制工作曲线。

c. 试样的测定。按上述同样方法，在波长248.3nm处测量试液的吸光度。

d. 空白试验。在测定试液的同时，用5mL硝酸溶液（1+2）代替试液做空白试验。

⑤ 分析结果的计算。用试液的吸光度减去空白试验的吸光度，用所得吸光度值差从工作曲线查出对应的铁质量，并按试液的体积计算试样中铁的含量。试样中铁的质量分数w的计算公式如下：

$$w = \frac{m}{m_0} \times 100\%$$

式中　m——试样中铁的质量，g；

　　　m_0——试样质量，g。

⑥ 允许相对偏差。测定结果允许相对偏差见表6-6。

表 6-6　铁含量平行测定结果允许相对偏差

铁的质量分数/%	允许相对偏差/%
>0.005	≤10
≤0.005	≤20

4. 铅含量的测定——原子吸收分光光度法

(1) 方法原理　试样蒸干后，残渣溶解于稀硝酸中，用原子吸收分光光度计，在波长为 283.3nm 处，以空气-乙炔火焰测定铅的吸光度，用标准曲线法计算测定结果，硫酸中的杂质不干扰测定。

(2) 试剂

① 硝酸溶液 (1+2)。

② 铅标准溶液 ($1mg·mL^{-1}$)。称取 1.600g 预先在 105℃ 烘干的硝酸铅，溶解于 600mL 水和 65mL 硝酸中，移入 1L 容量瓶中，稀释至刻度，摇匀。

③ 铅标准溶液 ($100\mu g·mL^{-1}$)。准确吸取 10.0mL $1mg·mL^{-1}$ 铅标准溶液，置于 100mL 容量瓶中，加 50mL 硝酸溶液 (1+2)，用水稀释至刻度，摇匀。

④ 乙炔，由乙炔钢瓶或乙炔发生器供给。

⑤ 空气，由空气压缩机供给。

(3) 仪器

① 称量移液管，容量约 10mL。

② 滴瓶，容量约 30mL。

③ 原子吸收分光光度计，附有铅空心阴极灯。

(4) 测定步骤

① 试液的制备。用装满试样的称量移液管，以差减法称取试样 2~10g (精确至 0.01g)，移置于 100mL 烧杯中，在沙浴 (或可调电炉) 上蒸发至干，冷却，加 5mL 硝酸溶液 (1+2) 和 25mL 水，加热至残渣溶解。蒸发至干，再次用 5mL 硝酸溶液 (1+2) 溶解残渣，小心移入 10mL 容量瓶中，用水稀释至刻度，摇匀。

② 工作曲线的制作。每次测定，均须同时制作标准曲线。

a. 标准系列溶液的制备。取 6 个 50mL 容量瓶，按表 6-7 所示，分别加入 $100\mu g·mL^{-1}$ 铅标准溶液。向每个容量瓶中加入 25mL 硝酸溶液 (1+2)，用水稀释至刻度，摇匀。

b. 吸光度的测量。将原子吸收分光光度计调至最佳工作状态，点燃空气-乙炔火焰，以水净化燃烧器，待仪器稳定后，在波长 283.3nm 处测量铅标准系列溶液的吸光度。

c. 工作曲线的绘制。用每个标准溶液的吸光度减去空白溶液的吸光度，得到相应的吸光度值差。以铅含量为横坐标，对应的吸光度值差为纵坐标，绘制工作曲线。

表 6-7 铅标准系列溶液的制备

编号	铅标准溶液体积/mL	对应铅质量浓度/(μg·mL^{-1})
0	0①	0
1	2.0	4
2	4.0	8
3	6.0	12
4	8.0	16
5	10.0	20

①空白溶液。

③ 试液的测定 在283.3nm波长处，用同样的方法测定试液的吸光度值。

④ 空白试验 在测定试液的同时，用5mL硝酸溶液（1+2）代替试液，进行空白试验。

(5) 分析结果的计算 从试液的吸光度值减去空白试液的吸光度值，所得吸光度值差，从工作曲线查得对应的铅含量，并按试液的体积计算试样的铅含量。试样中铅的质量分数 w 可用下式计算：

$$w = \frac{m}{m_0} \times 100\%$$

式中　m——试样中铅的质量，g；

　　　m_0——试样质量，g。

(6) 允许相对偏差 平行测定结果允许相对偏差见表6-8。

表 6-8 铅含量平行测定结果允许相对偏差

铅的质量分数/%	允许相对偏差/%
>0.005	<20
<0.005	<25

第三节　工业冰醋酸生产分析

一、工业冰醋酸生产工艺

冰醋酸（冰乙酸）是最重要的有机化工原料之一，主要用于合成醋酸乙烯、醋酸纤维、醋酸酐、醋酸酯、醋酸盐及氧代醋酸等，也是制药、染料、食品添加剂、农药及其他有机合成的重要原料。此外，在照相药品制造、醋酸纤维素、织物印染以及橡胶工业等方面也有广泛的用途。

冰醋酸的生产方法主要有乙醇氧化法、乙烯合成法、羰基合成法等。

1. 乙醇氧化法

在银或铁钼催化剂存在下，乙醇经空气氧化为乙醛。在醋酸锰和醋酸钴催化作用下，乙醛再经空气或氧气氧化生成粗醋酸，粗醋酸通过蒸馏、提纯制得冰醋酸。有关反应式为：

$$CH_3CH_2OH + \frac{1}{2}O_2 \xrightarrow{Ag\ 或\ Fe,Mo} CH_3CHO + H_2O$$

$$CH_3CHO + \frac{1}{2}O_2 \xrightarrow{Co(Ac)_2, Mn(Ac)_2} CH_3COOH$$

2. 乙烯合成法

在氯化钯催化剂存在下，由乙烯与空气或氧气进行液相氧化生成乙醛。在醋酸锰和醋酸钴催化作用下，乙醛再经空气或氧气氧化生成粗醋酸，粗醋酸通过蒸馏、提纯制得冰醋酸。合成反应式为：

$$C_2H_4 + \frac{1}{2}O_2 \xrightarrow{PaCl_2} CH_3CHO$$

$$CH_3CHO + \frac{1}{2}O_2 \xrightarrow{Co(Ac)_2, Mn(Ac)_2} CH_3COOH$$

在反应过程中除含有未反应的乙醛外，还副产醋酸甲酯、醋酸乙酯和甲酸等。精制过程中需添加少量高锰酸钾等氧化剂进行蒸馏，以除去少量杂质。

3. 羰基合成法

此法可分为低压羰基合成法和高压羰基合成法。前者选用铑-碘为主催化剂，反应可在较温和的条件下进行；后者选用钴-碘为主催化剂，反应在较苛刻的条件下进行。

① 低压羰基合成法。原料甲醇经预热后送入反应器底部，同时用压缩机将一氧化碳送入反应器，反应温度为175~200℃，一氧化碳分压为1~1.5MPa。反应后的产物经分离装置分离后即可制得成品。以甲醇计，收率和选择性均高于99%。合成反应式为：

$$CH_3OH + CO \xrightarrow{Rh\text{-}I} CH_3COOH$$

② 高压羰基合成法。甲醇与一氧化碳在乙酸水溶液中反应，以羰基钴为催化剂，碘甲烷为助催化剂，反应条件为250℃和70MPa。反应后的产物经分

离系统分离后，即可得成品。以甲醇计，收率可达90％。合成反应式为：

$$CH_3OH + Co \xrightarrow[\triangle]{Co\text{-}I} CH_3COOH$$

二、产品冰醋酸的分析

在冰醋酸生产中，技术指标要求如表 6-9 所示。

表 6-9 工业冰醋酸技术指标（GB/T 1628—2020）

指标名称		Ⅰ型	Ⅱ型
色度，Hazen 单位（铂-钴色度号）	≤	10	10
乙酸含量/%	≥	99.8	99.5
水分/%	≤	0.15	0.20
甲酸含量/%	≤	0.03	0.05
乙醛含量/%	≤	0.02	0.03
蒸发残渣/%	≤	0.005	0.01
铁含量（以 Fe 计）/%	≤	0.00004	0.0002
高锰酸钾时间/min	≥	120	30
丙酸/%	≤	0.05	0.08

1. 色度测定

黄度指数可定量地描述试样的颜色，用分光光度计或比色计测定并计算试样的黄变度，从标准比色液的黄变度与铂-钴色度号的标准曲线查得试样的色度号，以铂-钴色度号表示结果。

黄变度为标准比色液与水的黄度指数的差值。

2. 冰醋酸含量的测定——滴定法（GB/T 1628—2020）

（1）方法提要 以酚酞为指示剂，用氢氧化钠标准溶液中和滴定，计算时扣除甲酸、丙酸含量。

（2）试剂

① 氢氧化钠标准溶液，$c(NaOH) = 1mol \cdot L^{-1}$。

② 酚酞指示剂，$10g \cdot L^{-1}$ 乙醇溶液。

（3）仪器

① 碱式滴定管，容量 50mL。

② 具塞称量瓶，容量约 3mL。

(4) 测定步骤　用具塞称量瓶称取约 2.0g 试样，精确至 0.0001g，置于已盛有 50mL 无二氧化碳蒸馏水的 250mL 锥形瓶中，并将称量瓶盖摇开，加入 0.5mL 酚酞指示剂，用氢氧化钠标准溶液滴定至微粉红色，保持 5s 不褪色为终点。

(5) 分析结果的计算

$$w_1 = \frac{cV \times 60.05}{m \times 1000} \times 100\% - 1.305w_2 - 0.8106w_3$$

式中　w_1——乙酸的质量分数；

　　　c——氢氧化钠标准溶液浓度，$mol \cdot L^{-1}$；

　　　V——试样消耗氢氧化钠标准溶液体积，mL；

　　　m——试样质量，g；

　　60.05——乙酸的摩尔质量，$g \cdot mol^{-1}$；

　　　w_2——甲酸的质量分数；

　　1.305——甲酸换算为乙酸的换算系数；

　　0.8106——丙酸换算为乙酸的换算系数；

　　　w_3——丙酸的质量分数。

3. 甲酸的质量分数测定——碘量法（GB/T 1628—2020）

(1) 方法原理

① 总还原物的测定：过量的次溴酸钠溶液氧化试样中的甲酸和其他还原物，剩余的次溴酸钠用碘量法测定。

② 除甲酸外其他还原物的测定：在酸性介质中，过量的溴化钾-溴酸钾氧化除甲酸外的其他还原物，剩余的溴化钾-溴酸钾用碘量法测定。

甲酸含量由两步测定值之差求得。

反应式：

$$HCOOH + NaBrO \longrightarrow NaBr + CO_2 \uparrow + H_2O$$
$$NaBrO + 2KI + 2HCl \longrightarrow 2KCl + NaBr + H_2O + I_2$$
$$2Na_2S_2O_3 + I_2 \longrightarrow Na_2S_4O_6 + 2NaI$$

(2) 试剂和溶液

① 盐酸溶液：1+4（盐酸与水的体积比）。

② 碘化钾溶液：$250g \cdot L^{-1}$。

③ 次溴酸钠溶液：$c(1/2NaBrO) = 0.1mol \cdot L^{-1}$。吸取 2.8mL 溴置于盛有 500mL 水和 100mL $80g \cdot L^{-1}$ 的氢氧化钠溶液的 1000mL 容量瓶中，振摇至全部溶解，用水稀释至刻度并混匀，贮于棕色瓶中，保存在阴暗处，2d 后使用。

④ 溴化钾-溴酸钾溶液：$c(1/6KBrO_3) = 0.1\text{mol} \cdot \text{L}^{-1}$。

称取 10g 溴化钾和 2.78g 溴酸钾于盛有 200mL 水的 1000mL 容量瓶中溶解后，用水稀至刻度并混匀。

⑤ 硫代硫酸钠标准滴定溶液：$c(Na_2S_2O_3) = 0.1\text{mol} \cdot \text{L}^{-1}$。

⑥ 淀粉指示液：$10\text{g} \cdot \text{L}^{-1}$。

（3）仪器设备

① 锥形瓶：容量 500mL，耐真空。

② 滴液漏斗：容量 100mL，耐真空。

③ 真空泵或水流泵：维持真空度 1×10^4Pa 以下。

甲酸含量测定仪器装配图如图 6-3 所示。

（4）分析步骤

① 总还原物的测定：将滴液漏斗 2 按图 6-3 置于盛有 80mL 水的锥形瓶 3 上，打开滴液漏斗活塞，用泵抽取能吸入 200mL 液体的真空度（参考真空度：7.5×10^4Pa 以下），关闭滴液漏斗活塞，拔出连接泵的旋活塞。通过滴液漏斗吸入用移液管吸取的 25mL 次溴酸钠溶液，每次用 5mL 水冲洗滴液漏斗，冲洗 2 次，再通过滴液漏斗吸入用移液管吸取的 10mL 试样，每次仍用 5mL 水冲洗滴液漏斗，冲洗 2 次。

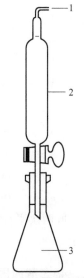

图 6-3 甲酸含量测定仪器图
1—接真空泵；
2—滴液漏斗；
3—锥形瓶

混匀，在室温下静置 10min，然后通过滴液漏斗吸入 5mL 碘化钾溶液和 20mL 盐酸溶液，剧烈振摇 30s 打开滴液漏斗活塞，取下滴液漏斗，加 50mL 水于锥形瓶中，用硫代硫酸钠标准滴定溶液滴定至溶液呈浅黄色时，加约 2mL 淀粉指示液，继续滴定至蓝色刚好消失为终点。

② 除甲酸外其他还原物的测定：移取 25mL 溴化钾-溴酸钾溶液于已盛有 90mL 水的锥形瓶 3 中，将滴液漏斗按图 6-3 置于此锥形瓶上，打开活塞，用泵抽取能吸入 200mL 液体的真空度（参考真空度：7.5×10^4Pa 以下），关闭滴液漏斗活塞，拔出连接泵的活塞，通过滴液漏斗吸入用移液管吸取的 10mL 试样，每次用 5mL 水冲洗滴液漏斗，冲洗两次，再吸入 10mL 盐酸溶液。混匀，在室温下静置 10min，然后通过滴液漏斗吸入 5mL 碘化钾溶液和 50mL 水混匀后，打开滴液漏斗活塞，取下滴液漏斗，用硫代硫酸钠标准滴定溶液滴定至溶液呈浅黄色时，加约 2mL 淀粉指示液，继续滴定至蓝色刚好消失为终点。

在测定的同时，按与测定相同的步骤，对不加试样（用 10mL 水代替试样）而使用相同数量的试剂溶液做空白试验。

（5）结果计算 甲酸的质量分数 w_2，按下式计算：

$$w_2 = \left(\frac{V_0 - V_1}{V_4 \rho} - \frac{V_2 - V_3}{V_5 \rho}\right) \times c_1 \times \frac{1}{1000} \times m_1 \times 100\%$$

式中 V_0——（4）①中空白试验消耗硫代硫酸钠标准滴定溶液的体积，mL；

V_1——（4）①中消耗硫代硫酸钠标准滴定溶液的体积，mL；

V_2——（4）②中空白试验消耗硫代硫酸钠标准滴定溶液的体积，mL；

V_3——（4）②中试样消耗硫代硫酸钠标准滴定溶液的体积，mL；

c_1——硫代硫酸钠标准滴定溶液浓度，$mol \cdot L^{-1}$；

V_4——测定总还原物所取试样的体积，mL；

V_5——测定除甲酸外其他还原物所取试样的体积，mL；

ρ——试验温度时试样的密度，$g \cdot cm^{-3}$；

m_1——甲酸（$1/2CH_2O_2$）的摩尔质量，$g \cdot mol^{-1}$ [$m_1(1/2CH_2O_2) = 23.01$]。

取两次平行测定结果的算术平均值为报告结果，两次平行测定结果之差不大于 0.005%。

4. 乙醛的质量分数测定——滴定法（GB/T 1628—2020）

（1）方法原理 试样中的乙醛与过量的亚硫酸氢钠溶液反应，剩余的亚硫酸氢钠用碘量法测定。

反应式：

$$CH_3CHO + NaHSO_3 \longrightarrow H_3C-\underset{\underset{SO_3Na}{|}}{\overset{\overset{H}{|}}{C}}-OH$$

（2）试剂和溶液

① 亚硫酸氢钠溶液：$18.2 g \cdot L^{-1}$。称取 1.66g 偏重亚硫酸钠溶解于盛有 50mL 水的 100mL 容量瓶中，溶解后，用水稀释至刻度并混匀。

② 碘标准溶液：$c(1/2I_2) = 0.02 mol \cdot L^{-1}$。

③ 硫代硫酸钠标准滴定溶液，$c(Na_2S_2O_3) = 0.02 mol \cdot L^{-1}$。

④ 淀粉指示液：$10 g \cdot L^{-1}$。

（3）分析步骤

① 移取 20mL 试样，置于已盛有 10mL 水的 100mL 容量瓶中，移入 10mL 亚硫酸氢钠溶液，用水稀释至刻度，混匀并静置 30min。为试验溶液。

② 移取 50mL 碘标准溶液于碘量瓶中，置于冰水浴中静置。取试验溶液 20mL 于碘量瓶中，用硫代硫酸钠标准滴定溶液滴定至溶液呈浅黄色时，加入 0.5mL 淀粉指示剂，继续滴定至蓝色刚好消失即为终点。

③ 在测定的同时，按与测定相同的步骤，对不加试验溶液而使用相同数量的试剂溶液做空白试验。

（4）结果计算　乙醛的质量分数 w，按下式计算

$$w = \frac{(V_7 - V_6)c_2 m_2}{V_8 \rho \times 1000 \times (20/100)} \times 100\%$$

式中　V_6——空白试验消耗硫代硫酸钠标准滴定溶液的体积，mL；

V_7——试样溶液消耗硫代硫酸钠标准滴定溶液的体积，mL；

m_2——乙醛（$1/2C_2H_4O$）的摩尔质量，$g \cdot mol^{-1}$ [$m_2(1/2C_2H_4O) = 22.03$]；

c_2——硫代硫酸钠标准滴定溶液浓度，$mol \cdot L^{-1}$；

V_8——配制试验溶液所移取试样的体积，mL；

ρ——试样温度时试样的密度，$g \cdot cm^{-3}$。

取两次平行测定结果的算术平均值为报告结果，两次平行测定结果之差不大于 0.002%。

（5）蒸发残渣的质量分数测定　按 GB/T 6324.2 规定进行测定。

取两次平行测定结果的算术平均值为报告结果，两次平行测定结果之差不大于 0.001%。

5. 铁含量的测定——原子吸收光谱法

试样经蒸干处理后，配成适当浓度的溶液，在空气-乙炔火焰中喷雾，以铁空心阴极灯为光源，在波长 248.3nm 下测定试样中铁的吸光度。根据在相同条件下确定的工作曲线，计算试样中的铁含量。

第四节　工业烧碱生产分析

一、工业烧碱的生产工艺

烧碱是重要的基本化工原料，广泛用于纺织、冶金、造纸、食品、建材、化工、塑料等行业，在国民经济中占有很重要的地位，目前我国生产烧碱的方法有隔膜法、水银法和离子膜法三种，尤其是离子膜法生产烧碱发展很快。

烧碱的生产有着悠久的历史，早在中世纪就发明了以纯碱和石灰为原料制取 NaOH 的方法，即苛化法。

$$Na_2CO_3 + Ca(OH)_2 \longrightarrow 2NaOH + CaCO_3$$

因为苛化过程需要加热,因此就将 NaOH 称为烧碱,以别于天然碱(Na_2CO_3)。直到 19 世纪末,世界上一直以苛化法生产烧碱。

采用电解法制烧碱始于 1890 年,隔膜法和水银法几乎差不多同时发明,隔膜法以多孔隔膜将阴阳两极隔开,水银法以生成钠汞齐的方法使氯气分开,使阳极产生的氯气与阴极产生的氢气和氢氧化钠分开,不致发生爆炸和生成次氯酸钠。

离子膜法烧碱工艺是用阳离子交换膜隔离阳极和阴极,对离子的隔离效果好,电流效率高。此技术与传统的烧碱生产技术相比,具有能耗低、产品纯度高、产品应用领域宽、无"三废"污染、生产灵活性好、建设投资少等技术特点,被称为氯碱工业的一个重大突破,是氯碱工业的发展方向。

1. 隔膜法

隔膜法于 1893 年成功生产出商品碱。此法是用多孔渗透膜材料作隔层,把阴阳极产物分开。此法生产效率低,产品质量差,另外隔膜多为石棉膜,对人体及环境有很大危害,所以近年来随着先进工艺的引进,已基本被淘汰。

2. 水银法

水银法的优点是生产的碱液浓度大,纯度高,可以直接利用。缺点是槽电压高、浪费能源,电解槽及汞的价格高,水银(即汞,易挥发,有剧毒)对环境有严重的污染。

3. 离子膜法

离子膜电解食盐法,是用阳离子交换膜将电解槽隔成阳极室和阴极室,这层膜只允许钠离子穿透,而对氢氧根离子起阻止作用,另外还能阻止氯化钠的扩散。食盐溶液在电场作用下,钠离子经过膜的传递至阴极侧与氢氧根离子生成氢氧化钠,而带负电的氯离子被隔离在阳极室,从而达到生产低盐、高纯、高浓度氢氧化钠产品,同时得到联产氯和氢气的目的,反应式为:

$$2NaCl + 2H_2O \Longrightarrow 2NaOH + Cl_2\uparrow + H_2\uparrow$$

二、氯气的分析

1. 氯气纯度的测定

氯气纯度的分析采用气体吸收体积法进行测量,见图 6-4。取一定体积的

氯气样品,用碘化钾溶液吸收氯气,测量残余的气体体积。根据残余气体体积和试样体积,计算试样中氯气的体积分数,反应式为:

$$2KI+Cl_2 =\!=\!= 2KCl+I_2$$

2. 水的测定

试样通过已称量的五氧化二磷吸收管,吸收其中水分,用已称量的氢氧化钠溶液吸收氯气,分别称量吸收管和吸收瓶质量,根据它们与各自测定前的质量差,计算样品的水分含量。化学反应式为:

$$P_2O_5 + 3H_2O \longrightarrow 2H_3PO_4$$

连接取样阀和吸收管之间的胶管必须尽量短且干燥、干净,不用时保存在干燥器中。如果吸收管明显增重,应重新装填,并经预处理后使用。当玻璃棉在过滤管内有明显的机械杂质或存在颜色变黄时,必须更换。

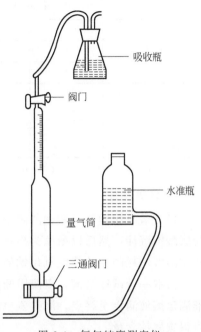

图 6-4 氯气纯度测定仪

氯气属于高度危害物质,即使有经验的工作人员,也不得单独工作,必须有人监护。在化验室进行分析时,应在通风良好的通风橱内旋转试验设备进行操作。

3. 三氯化氮的测定

将氯气通入浓盐酸溶液,三氯化氮转变为氯化铵,然后与纳氏试剂发生显色反应,用分光光度计测定吸光度,用标准曲线法计算三氯化氮的含量,化学反应式为:

$$NCl_3 + 4HCl =\!=\!= NH_4Cl + 3Cl_2$$

$$2K_2(HgI_4) + 4OH^- + NH_4^+ =\!=\!= NH_2(Hg_2O)I + 4K^+ + 7I^- + 3H_2O$$

三、产品分析

1. 技术指标(GB/T 209—2018)

工业用氢氧化钠应符合 GB/T 209—2018 的规定,具体规定见表 6-10。

表 6-10　工业用氢氧化钠指标

项目	型号规格				
	IS		IL		
	I	II	I	II	III
氢氧化钠/%≥	98.0	70.0	50.0	45.0	30.0
碳酸钠/%≤	0.8	0.5	0.5	0.4	0.2
氯化钠/%≤	0.05	0.05	0.05	0.03	0.008
三氧化二铁/%≤	0.008	0.008	0.005	0.003	0.001

注：IS 表示固体工业用氢氧化钠，IL 表示液体工业用氢氧化钠。

2. 分析方法

（1）氢氧化钠和碳酸钠的测定　烧碱试样中先加入氯化钡，将碳酸钠转化为碳酸钡沉淀，然后以酚酞为指示剂，用盐酸标准滴定溶液滴定至终点。根据盐酸溶液消耗的量计算氢氧化钠的含量。

另取一份试样溶液，以溴甲酚绿-甲基红混合指示剂为指示剂，用盐酸标准滴定溶液滴定至终点，测得氢氧化钠和碳酸钠总和，再减去氢氧化钠量，则可得碳酸钠含量。

反应如下：

$$Na_2CO_3 + BaCl_2 =\!\!= BaCO_3 + 2NaCl$$

$$NaOH + HCl =\!\!= NaCl + H_2O$$

（2）氯化钠的测定　在 pH=2～3 的溶液中，以二苯偶氮碳酰肼作指示剂，用硝酸汞标准滴定溶液滴定试样溶液中的氯离子，根据消耗硝酸汞标准滴定溶液的量计算试样中氯化钠的含量。

（3）铁的测定　用盐酸羟胺将试样溶液中 Fe^{3+} 还原成 Fe^{2+}，在缓冲溶液（pH=5～6）体系中，二价铁离子与邻菲啰啉反应生成橙色配合物，对此配合物在波长 510nm 下测定其吸光度，用标准曲线法计算试样中的铁含量。反应式如下：

$$4Fe^{3+} + 2NH_2OH =\!\!= 4Fe^{2+} + N_2O + H_2O + 4H^+$$

第五节　工业乙酸乙酯生产分析

一、乙酸乙酯的生产工艺

乙酸乙酯，又名醋酸乙酯。乙酸乙酯是应用最广泛的脂肪酸酯之一，具有优良的溶解性能，是一种快干性极好的工业溶剂，被广泛用于醋酸纤维、乙基纤维、氯化橡胶、乙烯树脂、乙酸纤维树脂、合成橡胶等生产中；可用于生产复印机用液体硝基纤维墨水；在纺织工业中用作清洗剂；在食品工业中用作特殊改性酒精的香味萃取剂；在香料工业中是最重要的香料添加剂，可作为调香剂的组分。此外，乙酸乙酯也可用作黏合剂的溶剂、油漆的稀释剂以及制造药物、染料的原料。

目前，乙酸乙酯的制备方法有乙酸酯化法、乙醛缩合法、乙醇脱氢法和乙烯加成法等。其主要的工艺路线如下。

1. 乙酸酯化法

乙酸酯化法是传统的乙酸乙酯生产方法，在催化剂存在下，由乙酸和乙醇发生酯化反应而得。反应如下：

$$CH_3CH_2OH + CH_3COOH \longrightarrow CH_3COOC_2H_5 + H_2O$$

反应中除去生成的水，可得到高产率乙酸乙酯。该法生产乙酸乙酯的主要缺点是成本高、设备腐蚀性强，在国际上属于被淘汰的工艺路线。

2. 乙醛缩合法

在催化剂乙醇铝的存在下，两个分子的乙醛自动氧化和缩合，重排形成一分子的乙酸乙酯。反应如下：

$$2CH_3CHO \Longrightarrow CH_3COOC_2H_5$$

该方法于 20 世纪 70 年代在欧美、日本等地已形成了大规模的应用，在生产成本和环境保护等方面都有着明显的优势。

3. 乙醇脱氢法

采用铜基催化剂使乙醇脱氢生成粗乙酸乙酯，经高低压蒸馏除去共沸物，得到纯度为 99.8% 以上的乙酸乙酯。

$$2CH_3CH_2OH \xrightarrow{\text{催化剂}} CH_3COOC_2H_5 + 2H_2\uparrow$$

4. 乙烯加成法

在附载在二氧化硅等载体上的杂多酸金属盐或杂多酸催化剂的存在下，乙烯气相水合后与乙酸直接酯化生成乙酸乙酯。反应如下：

$$CH_2CH_2 + CH_3COOH \Longrightarrow CH_3COOC_2H_5$$

该反应乙酸的单程转化率为 66%，以乙烯计乙酸乙酯的选择性为 94%。

二、产品分析

1. 技术指标（GB/T 3728—2007）

工业乙酸乙酯的技术标准应符合 GB/T 3728—2007 的规定，具体规定见

表 6-11。

表 6-11　工业乙酸乙酯的技术标准

指标名称		优等品	一等品	合格品
色度/Hazen 单位（铂-钴色号）	≤	10	10	10
乙醇的质量分数/%	≤	0.10	0.20	0.50
密度/(g·cm^{-3})		0.897~0.902	0.897~0.902	0.896~0.902
乙酸乙酯/%	≥	99.7	99.5	99.0
水分/%	≤	0.05	0.10	0.10
蒸发残渣/%	≤	0.001	0.005	0.005
酸的质量分数（以 CH$_3$COOH 计）/%	≤	0.004	0.005	0.005

2. 分析方法

（1）乙酸乙酯的测定（皂化法）　乙酸乙酯试样与氢氧化钾乙醇溶液发生皂化反应，过量的氢氧化钾用盐酸标准滴定溶液返滴定，根据盐酸溶液的消耗量计算乙酸乙酯的含量；同时根据游离乙酸的含量，对测定结果进行校正。

（2）乙酸乙酯的测定（气相色谱法）

① 方法原理。试样及其被测组分被气化后，随载气同时进入色谱柱进行分离，用热导检测器进行检测，以面积归一化法计算测定结果。

② 操作条件。

a. 色谱柱：柱长 2m，内径 4mm，不锈钢柱。

b. 固定液：聚己二酸乙二醇酯。

c. 担体：401 有机担体，0.18~0.25mm。

d. 固定相配比，担体：固定液（丙酮为溶剂）＝100∶10。

e. 色谱柱的老化：利用分段老化，通载气先于 80℃老化 2h，逐渐升温至 120℃老化 2h，再升温至 180℃老化 2h。

f. 温度：气化室 250℃，检测室 130℃，柱温 130℃；

g. 载气：氢气，流量 30mL·min^{-1}；

h. 桥电流：180mA；

i. 出峰顺序：水、乙醇、乙酸乙酯。

3. 密度的测定

利用韦氏天平，在水和被测试样中，分别测量"浮锤"的浮力，由游码的读数计算出试样的密度。

4. 游离酸的测定

在乙酸酯化法生产乙酸乙酯的方法中，乙酸作为一种原料被带入产品中。

其含量应严格控制，否则会影响产品的质量。酸的测定方法很多，大多采用酸碱滴定法来进行测定，以酚酞作指示剂，用氢氧化钠标准滴定溶液滴定试样中的游离酸，以氢氧化钠的消耗量计算游离酸的含量。

5. 不挥发物的测定

不挥发物通常采用质量法进行测定，称取一定量的试样，烘干至恒量，根据不挥发物的质量，计算试样中不挥发物的含量。

6. 色度的测定

将试样的颜色与标准铂-钴的颜色比较，并以 Hazen（铂-钴）颜色单位表示结果。

试样的颜色以最接近于试样的标准铂-钴对比液的 Hazen（铂-钴）颜色单位表示。如果试样的颜色与任何标准铂-钴对比溶液都不相符合，则根据情况估计一个接近的铂-钴色号，并描述观察到的颜色。

第七章

工业实用领域分析

本章主要介绍农药产品、白酒产品、石油产品、涂料产品这4类产品的分析。

第一节　农药产品分析

一、农药的基本知识

1. 农药的定义

1997年5月8日，国务院发布的《中华人民共和国农药管理条例》对农药的定义做了明确的规定，农药是指具有预防、消灭或者控制危害农业、林业的病、虫、草、鼠和其他有害生物以及能调节植物、昆虫生长的化学合成或者来源于生物、其他天然物质的一种或者几种物质的混合物及其制剂。

2. 农药的分类

农药可根据其用途、作用和成分不同进行分类。

① 按农药用途分类：杀虫剂、杀螨剂、杀鼠剂、杀软体动物剂、杀菌剂、杀线虫剂、除草剂、植物生长调节剂等。有的农药具有多种作用，既可以杀虫又可灭菌、除草等。农药的分类，一般以农药的主要用途为依据。

② 按农药组成分类：化学农药，如有机氯、有机磷农药等；植物性农药，如除虫菊、硫酸烟碱等；还有微生物性农药。化学农药在农业生产中占有突出的地位，化学农药的毒性和残留，易对环境产生污染；微生物农药选择性强，后患较小，人们对此产生了很大兴趣，并寄予希望。

③ 按化学结构分类：有机合成农药的化学结构类型有数十种，如有机磷、氨基甲酸酯、拟除虫菊酯、有机氮、有机硫、酰胺类、脲类、醚类、酚类、苯氧羧酸类、三氮苯类、二氮苯类、苯甲酸类、脒类、三唑类、杂环类、香豆素类等。

3. 农药标准

农药标准是农药产品质量技术指标及其相应检测方法标准化的合理规定。它要经过标准行政管理部门批准并发布实施，具有合法性和普遍性。通常作为生产企业与用户之间购销合同的组成部分，也是法定质量监督检验机构对市场上流通的农药产品进行质量抽检的依据，以及发生质量纠纷时仲裁机构进行质量仲裁的依据。

农药标准按其等级和适用范围分为国际标准和国家标准。国际标准又有联合国粮农组织（FAO）标准和世界卫生组织（WHO）标准两种；国家标准由各国自行制定。

我国的农药标准分为三级：企业标准、行业标准和国家标准。

农药的每一个商品化原药或制剂都必须制定相应的农药标准，没有标准号的农药产品，不得进入市场。

二、农药分析内容

广义的农药分析应包括农药产品及其理化性质分析，农药在农产品、食物和环境中的微量分析等。从农药的利用出发，对各种农药的分析又有不同的要求。农药分析主要包括两方面内容，一是有效成分含量的分析，二是物理化学性质，如细度、乳化力、悬浮率、湿润性、含水量、pH 值等的测定。其中有效成分含量主要考虑是否不足或过高，在贮存过程中是否变质失效；物理化学性状方面，如果是粉剂或拌种剂，主要考虑细度、水分含量是否合格，以及贮存期间是否吸潮，粉剂的 pH 值是否在规定的范围之内（目的是不致因 pH 值太高或太低引起药剂分解失效）；可湿性粉剂主要考虑其悬浮率高低；浮油主要考虑是否是单相液体，即有无分层现象，是否出现结晶，以及浮油的稳定性。

农药分析内容包括农药分析的方法、原理及其在农药分析中的应用。目前，农药分析的主要方法是气相色谱法和液相色谱法。近年来，农药分析发展迅速，主要表现在一些新的分析手段日益成熟，对分析结果的要求不断提高，重视农药规范和管理，以仪器分析为主流，根据农药的物理、化学性质选择合适的方法，对农药的有效成分含量进行分析测定。

三、农药试样的采取和制备

商品农药采样方法符合国家标准 GB/T 1605—2001，适用于商品农药原药及各种加工剂型。

1. 采样工具

① 一般用取样器，长约 100cm，一端装有木柄或金属柄，用不锈钢管或铜管制成，管的外表面有小槽口。

② 采取容易变质或易潮解的样品时，可采用双管取样器，其大小与一般取样器相同，外边套一黄铜管，内管与外管需密合无空隙，两管都开有同样大小的槽口 3 节，当样品进入槽中后，将内管旋转，使其闭合，取出样品。

③ 在需开采件数较多和样品较坚硬情况下，可以用较小的取样探子和实心尖形取样器。小探子柄长 9cm，槽长 40cm，直径 1cm；实心尖形取样器与一般取样器大小相同。

④ 对于液体样品，可用取样管采样。取样管为普通玻璃或塑料制成，其长短和直径随包装容器大小而定。

2. 采样方法

(1) 原粉

① 采样件数。农药原粉采样件数，取决于货物的批重或件数。一般每批在 200 件以下者，按 5% 采取；200 件以上者，按 3% 采取。

② 取样。从包装容器的上、中、下三部分取样品，倒入混样器或贮存瓶中。

③ 样品缩分。将所取得的样品，预先破碎到一定程度，用四分法反复进行缩分，直至适用于检验所需的量为止。

④ 原粉样品。每件取样量不应少于 0.1kg。

(2) 乳剂和液体　乳剂和液体，取样时应尽量使产品混合均匀，然后用取样器取出所需质量或容积，每批产品取一个样品，取样量不少于 0.5kg。

(3) 粉剂和可湿性粉剂　粉剂和可湿性粉剂取样时，一次取够，不再缩分，取样量不得少于 200g，保存在磨口容器内。

(4) 其他　对于特殊形态的样品，应根据具体情况，采取适宜的方法取样。如溴甲烷，则自每批产品的任一钢瓶中取出。

四、杀虫剂分析

1. 杀虫剂

(1) 杀虫剂定义　杀虫剂是指能直接把有害昆虫杀死的药剂,是用于防治害虫的农药。在农药生产上,杀虫剂用量最大,用途最广。有些杀虫剂具有杀螨和杀线虫的活性,称为杀虫杀螨剂或杀虫杀线虫剂。某些杀虫剂可用于防治卫生害虫、畜禽体内外寄生虫以及危害工业原料及其产品的害虫。

非杀生性杀虫剂已开始应用于害虫的防治,最成功的例子是除虫脲、氟铃脲、氟虫脲、伏虫隆、噻嗪酮等几十种合成抑制剂类杀虫剂的商品化和广泛应用。

(2) 杀虫剂分类

① 按药剂进入昆虫体的途径分类。

a. 触杀剂。药剂接触到虫体以后,能穿透表皮,进入虫体内,使其中毒死亡。

b. 胃毒剂。药剂被害虫吃进体内,通过肠胃的吸收而使其中毒死亡。

c. 熏蒸剂。药剂气化后,通过害虫的呼吸道,如气孔、气管等进入体内,而使其中毒死亡。

d. 内吸剂。有些药剂能被植物根、茎、叶或种子吸收,在植物体内传导,分布到全身,当害虫侵害农作物时,即能使其中毒死亡。

② 按组成或来源分类。

a. 天然杀虫剂。植物杀虫剂,某些植物的根或花中含有杀虫活性的物质,将其提取并加工成一定剂型用作杀虫剂,如除虫菊酯、鱼藤酮等;矿物性杀虫剂,石油、煤焦油等的蒸馏产物对害虫具有窒息作用,能起到杀虫的效果。

b. 无机杀虫剂。无机化合物如砒霜、砷酸铝、氟硅酸钠等均具有杀虫的效果。

c. 有机杀虫剂。合成的具有杀虫作用的有机化合物称有机杀虫剂。根据化合物的结构特征可分为有机氯杀虫剂(如氯丹、三氯杀螨砜等)、有机磷杀虫剂(如敌敌畏、乐果等)、有机氮杀虫剂(如西维因、速灭威、杀虫脒等)。

d. 其他杀虫剂。如生物化学农药等。

2. 杀虫剂分析实例

(1) 久效磷的测定　久效磷是一种杀虫剂,分子式为 $C_7H_{14}NO_5P$,分子量为 223.2，化学名称为 O,O-二甲基-O-（1-甲基-2-甲基氨基甲酰基）乙烯基磷酸酯。

久效磷对害虫和螨类具有触杀和内吸作用，可被植物的根、茎、叶部吸收，在植物体内发生传导作用，既有速效性，又有特效性，被广泛用于亚洲的稻谷和棉花种植，它能够杀灭一些昆虫，尤其能够控制棉花、柑橘、稻谷、玉米等作物上的红蜘蛛。一般使用下对作物安全，但在寒冷地区对某些品种有轻微药害，如苹果、樱桃、扁桃、桃和高粱。

常用分析方法有液相色谱法、气相色谱法。

① 液相色谱法。试样溶于甲醇中，以甲醇/乙腈/水作流动相，使用紫外检测器，在以 LichrospHerRP-18 为填料的色谱柱上进行反相液谱分离，外标法定量。

将测得的两针试样溶液以及试样前后两针标样溶液中久效磷峰面积分别进行平均。久效磷的质量分数 w 按下式计算：

$$w = \frac{r_2 m_1 w_1}{r_1 m_2}$$

式中　r_1——标样溶液中久效磷与内标物峰面积比的平均值；

　　　r_2——试样溶液中久效磷与内标物峰面积比的平均值；

　　　m_1——标样的质量，g

　　　m_2——试样的质量，g；

　　　w_1——标样中久效磷的质量分数。

② 气相色谱法。试样经三氯甲烷溶解，用邻苯二甲酸二丙酯作内标物，采用以 2%聚乙二醇丁二酸酯（DEGS）/ChromosorbWAW-DMCS 为填料的色谱柱和 FID 检测器，对试样中的久效磷进行气相色谱分离和测定。

将测得的两针试样溶液以及试样前后两针标样溶液中久效磷与内标物峰面积之比分别进行平均。久效磷的质量分数按下式计算：

$$w = \frac{r_2 m_1 w_1}{r_1 m_2}$$

式中　r_1——标样溶液中久效磷与内标物峰面积比的平均值；

　　　r_2——试样溶液中久效磷与内标物峰面积比的平均值；

　　　m_1——标样的质量，g；

　　　m_2——试样的质量，g；

　　　w_1——标样中久效磷的质量分数。

（2）速灭威的测定　　速灭威属氨基甲酸酯类杀虫剂，分子式为 $C_9H_{11}NO_2$，分子量为 165.2，化学名称为 3-甲基苯基-N-甲基氨基甲酸酯。

速灭威具有强烈触杀作用，击倒力强，并有一定内吸和熏蒸作用，是一种高效、低毒、低残留杀虫剂，用于水稻、棉花、果树等作物，防治稻飞虱、稻叶蝉、蚜虫等。

常用分析方法是气相色谱法。

① 方法一。试样用三氯甲烷溶解，以三唑酮为内标物，用3%PEG20000/Gas Chrom Q为填充物的色谱柱和FID检测器，对试样中的速灭威进行分离和测定。

将测得的两针试样溶液以及试样前后两针标样溶液中速灭威与内标物峰面积之比分别进行平均。速灭威的质量分数 w 按下式计算：

$$w = \frac{r_2 m_1 w_1}{r_1 m_2}$$

式中　r_1——标样溶液中速灭威与内标物峰面积比的平均值；

　　　r_2——试样溶液中速灭威与内标物峰面积比的平均值；

　　　m_1——标样的质量，g；

　　　m_2——试样的质量，g；

　　　w_1——标样中速灭威的质量分数。

② 方法二（仲裁法）。试样用丙酮溶解，以邻苯二甲酸二乙酯为内标物，用5%OV-101/GasChromosorb GAW-DMCS（150~180μm）为填充物的色谱柱和FID检测器，对试样中的速灭威进行分离和测定。

将测得的两针试样溶液以及试样前后两针标样溶液中速灭威与内标物峰面积之比分别进行平均。计算式同方法一。

五、杀菌剂分析

1. 杀菌剂

（1）杀菌剂定义　杀菌剂是指能有效控制或杀死微生物的一类物质。微生物包括真菌、细菌、病毒等。

近年来在调查中发现，当前农业生产中菌害比虫害要严重得多，病害远超过虫害，经济作物的病害比粮食作物更为严重。由此杀菌剂的研究和生产很重要。

（2）杀菌剂分类

① 按化学组成分类。分为无机杀菌剂、有机杀菌剂。按不同的化学结构类型又可分成丁烯酰胺类、苯并咪唑类等。

② 按作用方式分类。

a. 化学保护剂。以保护性的覆盖方式施用于作物的种子、茎、叶或果实上，防止病原微生物的侵入。

b. 化学治疗剂。分为内吸性化学治疗剂和非内吸性化学治疗剂。内吸性化学治疗剂——药剂能渗透到植物体内，并能在植物体内运输传导，使侵入植物体内的病原微生物全部被杀死；非内吸性化学治疗剂——一般不能渗透到植物体内，即使有的能渗透入植物体内，也不能在植物体内传导，即不能从施药部位传到植物的各个部位。

2. 杀菌剂分析案例

（1）多菌灵的测定　多菌灵属高效低毒内吸性杀菌剂，分子式为$C_9H_9N_3O_2$，分子量为191.2，化学名称为N-（2-苯并咪唑基）氨基甲酸甲酯，其他名称有苯并咪唑44号、MBC、棉萎灵。

多菌灵对人畜低毒，对鱼类毒性也低。多菌灵是一种广谱、内吸性杀菌剂，可用于叶面喷雾、种子处理和土壤处理等，用于防治各种真菌引起的作物病害，也可用于防治水果、花卉、竹子和林木的病害。此外可在纺织、纸张、皮革、制鞋和涂料等工业中作防霉剂，也可在贮藏水果和蛋品时作防腐剂。

常用分析方法有薄层-紫外法（仲裁法）、非水电位滴定法、非水定电位滴定法。

① 薄层-紫外法（仲裁法）。多菌灵水悬浮剂经干燥除去水分，用冰乙酸溶解，滤液经薄层色谱，将多菌灵与杂质分离，刮下含有多菌灵的谱带，在波长281nm处进行分光光度测定。多菌灵的质量分数按下式计算：

$$w=\frac{r_2 m_1 w_1}{r_1 m_2}$$

式中　r_1——标样溶液中多菌灵的吸光度；

　　　r_2——试样溶液中多菌灵的吸光度；

　　　m_1——标样的质量，g；

　　　m_2——试样的质量，

　　　w_1——标样中多菌灵的质量分数。

② 非水电位滴定法。多菌灵水悬浮剂经干燥除去水分，用冰乙酸溶解，用高氯酸标准溶液进行电位滴定，以电压（mV）最大变化为终点。

以质量分数表示的多菌灵含量w按下式计算：

$$w=\frac{c(V_1-V_2)\times 0.1912\times 100}{m}\times 100\%$$

式中　c——高氯酸标准滴定溶液的实际浓度，$mol\cdot L^{-1}$；

　　　V_1——滴定试样溶液时消耗高氯酸标准滴定溶液的体积，mL；

　　　V_2——滴定空白溶液时消耗高氯酸标准滴定溶液的体积，mL；

m——试样的质量，g；

0.1912——与 1.00mL 高氯酸标准滴定溶液 $[c(HClO_4)=1.000\text{mol}\cdot L^{-1}]$ 相当的以质量（g）表示的多菌灵的质量。

③非水定电位滴定法。多菌灵水悬浮剂经干燥除去水分，用冰乙酸溶解，用高氯酸标准滴定溶液进行电位滴定，以多菌灵标样的电位来确定滴定终点。

以质量分数表示的多菌灵含量按非水电位滴定法式计算。

（2）代森锰锌的测定　　代森锰锌属内吸性杀菌剂，分子式为 $(C_4H_6N_2S_4Mn)_x(Zn)_y$，化学名称为乙亚基-1,2-双（二硫代氨基甲酸）锰锌离子配位化合物。

代森锰锌可抑制病菌体内丙酮酸的氧化，从而起到杀菌作用。具有高效、低毒、杀菌谱广、病菌不易产生抗性等特点，且对果树缺锰、缺锌症有治疗作用。用于许多叶部病害的保护性杀菌剂，对小麦锈病、稻瘟病、玉米大斑病以及蔬菜中的霜霉病、炭疽病、早疫病和果树黑星病、赤星病、炭疽病等均有很好的预防效果。

常用分析方法为碘量法。试样于煮沸的氢碘酸-冰乙酸溶液中分解，生成二硫化碳、乙二胺盐及干扰分析的硫化氢气体。先用乙酸铅溶液吸收硫化氢，继之以氢氧化钾-甲醇溶液吸收二硫化碳，并生成甲基磺原酸钾。二硫化碳吸收液用乙酸中和后立即以碘标准溶液滴定。

反应式如下：

$(C_4H_6N_2S_4Mn)_x(Zn)_y + 2xH_2 + xI_2 =\!=\!= xIH_3NCH_2CH_2NH_3I +$
$$2xCS_2 + xMn + yZn$$

$$CS_2 + CH_3OK =\!=\!= CH_3OCSSK$$

$$2CH_3OCSSK + I_2 =\!=\!= CH_3OC(S)SSC(S)OCH_3 + 2KI$$

代森锰锌的质量分数 w 按下式计算：

$$w = \frac{c(V_1-V_2)\times 0.1355 \times 100}{m} \times 100\%$$

式中　V_1——滴定试样溶液消耗碘标准滴定溶液的体积，mL；

V_2——滴定空白溶液消耗碘标准滴定溶液的体积，mL；

m——试样的质量，g；

c——碘标准滴定溶液的实际浓度，$\text{mol}\cdot L^{-1}$；

0.1355——与 1.00mL 碘标准滴定溶液 $[c(\frac{1}{2}I_2)=0.1\text{mol}\cdot L]^{-1}$ 相当的以 g 表示的代森锰锌的质量。

第二节 白酒产品分析

白酒香味成分复杂，除乙醇和水外，还有大量芳香组分存在。构成白酒质量风格的是酒内所含的香味成分的种类以及其量比关系。应用气相色谱法能快速而准确地测出白酒中的醇类、酯类、有机酸类、酚类化合物等成分的含量。

一、DNP 柱测定白酒中醇、酯等组分

1. DNP 柱直接进样法测定白酒中主要醇、酯成分

白酒中醇和酯是主要香味成分。吸取原样品进行色谱分析，其优点是操作简便，测定结果准确性高、快速；缺点是极其微量的组分不易检出。

（1）样品的配制

① 2%内标的配制。吸取 2mL 的内标——乙酸正丁酯于 100mL 的容量瓶中（因内标物易挥发，可在瓶内先放少量酒精），用 55%～60%的乙醇定容。

② 1%～2%标样的配制。分别吸取乙醛、甲醇、正丙醇、仲丁醇、乙缩醛、正丁醇、异戊醇、正己醇、糠醛各 1mL，乙酸乙酯、丁酸乙酯、戊酸乙酯、乳酸乙酯、己酸乙酯、乙酸异戊酯各 2mL 一起加入 100mL 容量瓶中，用 55%～60%（体积分数）的乙醇定容，混匀后组成标样（在容量瓶中先加少许乙醇，以防挥发）。

③ 混标的配制。分别用移液管吸取标样 10mL 和内标 5mL，用 55%～60%（体积分数）的乙醇定容到 100mL，混匀后待用。

④ 酒样和内标混合样的配制。在酒样中加入 2%内标 0.2mL，配成 10mL 的酒样溶液，混匀后待用。

（2）色谱操作条件的选择

色谱仪：GC 型气相色谱仪，配 FID 检测器。

数据工作站：N2000 数据工作站。

色谱柱：DNP 混合柱（邻苯二甲酸二壬酯 20%固定液，吐温 60 作减尾剂，载体为白色硅藻土 Chromosorb W-HP）不锈钢柱，$\varphi 3mm \times 2m$。

柱温：90～100℃。

汽化室温度：120～140℃。

检测器温度：120～140℃。

载气流速：高纯氮 20～30mL/min。

氢气流速：40～60mL/min。

空气流速：200～600mL/min。

检测器灵敏度：10^8。

进样量：0.4～1μL。

（3）定性定量分析　定性分析：用标样测定各组分的保留时间，将测出的酒样中的各组分与标样对照，相同的保留时间作为定性的主要因素。

定量分析：采用内标法计算。将乙酸正丁酯作为内标物。

①求定量校正因子。先进标样，得出各组分的保留时间和峰面积。定量校正因子的计算公式如下：

$$f_i = \frac{A_s \times m_i}{A_i \times m_s}$$

式中　A_i——组分 i 的峰面积；

　　　A_s——内标物 s 的峰面积；

　　　m_i——组分 i 的含量；

　　　m_s——内标物 s 的含量。

然后根据数据处理机的报告，编制峰鉴定表，将各组分的保留时间和含量输入，输出各组分的定量校正因子。

②计算酒样中醇酯的含量。$m_i = \dfrac{A_s \times f_i}{A_i \times m_s}$

式中　f_i——组分 i 的定量校正因子；

　　　A_i——组分 i 的峰面积；

　　　A_s——内标物 s 的峰面积；

　　　m_s——酒样中内标物的含量（mg/100mL），4×10×0.882＝35.28mg/100mL 酒样；

　　　m_i——组分 i 的含量。

（4）相对保留时间　白酒中主要醇、酯在 DNP 柱上的相对保留时间及其参数见表 7-1。

表 7-1　白酒中主要醇、酯在 DNP 柱上的相对保留时间及其参数

化合物	化学式	相对密度	相对保留时间	定量校正因子
乙醛	C_2H_4O	0.788	0.059	1.81
甲醇	CH_3OH	0.791	0.093	1.45
乙醇	C_2H_5OH	0.791	0.125	—
乙酸乙酯	$C_4H_8O_2$	0.898	0.180	1.40
正丙醇	C_3H_7OH	0.804	0.270	0.85
仲丁醇	C_4H_9OH	0.808	0.320	0.81
乙缩醛	$C_6H_{14}O_2$	0.825	0.349	1.30
异丁醇	C_4H_9OH	0.806	0.430	0.68

续表

化合物	化学式	相对密度	相对保留时间	定量校正因子
正丁醇	C_4H_9OH	0.809	0.590	0.73
丁酸乙酯	$C_6H_{12}O_2$	0.879	0.690	1.10
乙酸正丁酯	$CH_3COOC_4H_9$	0.882	0.826	1.00
异戊醇	$C_5H_{11}OH$	0.813	1.000	0.81
乙酸异戊酯	$CH_3COOC_5H_{11}$	0.876	1.300	0.83
戊酸乙酯	$C_7H_{14}O_2$	0.877	1.460	1.01
乳酸乙酯	$C_5H_{10}O_3$	1.042	1.700	1.72
糠醛	$C_5H_4O_2$	—	2.600	1.20
己醇	$C_6H_{13}OH$	0.816	2.760	0.70
己酸乙酯	$C_8H_{16}O_2$	0.872	3.060	0.90

2. 杂醇油的分析

杂醇油是指正丙醇、异丁醇和异戊醇等两个碳原子以上的脂肪醇。白酒中杂醇油主要以异丁醇和异戊醇计，如用对二甲氨基苯甲醛比色法测定，正丙醇不显色，异丁醇和异戊醇显出的颜色也不相同。按标准要求，混合标样中异丁醇∶异戊醇＝1∶4 并不符合其在酒中的实际比值，因而会出现标准系列与酒样色调不完全相同而难以比较的缺陷。气相色谱法能准确定量异丁醇和异戊醇各自含量，结果更为准确可靠。

3. 己酸乙酯、乳酸乙酯的快速测定

浓香型白酒中己酸乙酯的含量是直接影响白酒质量的关键指标。在浓香型白酒厂的生产控制中，有时不需要酒中的全组分，而只要掌握其主体己酸乙酯的香味组分含量以及和其他香味组分尤其是乳酸乙酯的量比关系，需要一个快速测定方法。

采用 DNP 柱＋吐温 60 柱，将柱温升高至 120℃，此时乙酸乙酯的出峰短到十几分钟左右，由于乙酸丁酯和异戊醇分离度下降，故不适合作内标物（内标物直接影响到各组分的定量准确性，应与其他组分完全分开），而用乙酸异戊酯为内标物，其在乳酯乙酯前出峰。

二、酸分析

白酒中主要含有较多的低级脂肪酸，如乙酸、乳酸、己酸以及含量较少的甲酸、丙酸、异丁酸、戊酸、异戊酸、庚酸、辛酸等，还有一些微量的高级脂肪酸。其为主要香味成分酯的前体物，本身也起着重要的呈味协调作用。有机酸类极性较强，挥发性和热稳定性较低，目前通常采用直接进样法和衍生物法。

有机酸类极性较强，挥发性和热稳定性较低，采用直接进样法，通常只能测定 $C_2 \sim C_7$ 低碳脂肪酸。

1. 样品处理

取 300mL 酒样，在酸度计的控制下，用 0.5mol·L^{-1} KOH 溶液中和至 pH 7.5～8.5 蒸馏除去挥发性物质（有机酸成盐而固定，留在残液中）至残液只剩 1mL 左右。用稀硫酸（1∶1）调节至 pH＝2 左右，定容至 5mL 备用。

2. 色谱分析条件

色谱仪：GCA 型气相色谱仪，配 FID 检测器；

色谱柱：BDS 柱（丁二酸琥珀酸聚酯）或 DEGS（丁二酸二乙二醇聚酯）加 2％磷酸为减尾剂，不锈钢柱，φ3mm×2m；

柱温：150℃；

气化室温度/检测器温度：170℃；

其他条件同前。

3. 定量计算外标法定量

以 60％（体积分数）乙醇溶液，配制成 1％（g/100mL）C_2～C_7 有机酸标准混合液。准确吸取 1mL、2mL、3mL、4mL、5mL，分别定容到 5mL，有机酸的含量为 10mg、20mg、30mg、40mg 和 50mg，进样 1μL，以含量对峰面积作工作曲线。

进样 1μL 酒样溶液（注意进样量需完全一致），通过内插法，在标准曲线上求出酒样含量。

计算公式：

$$m_i = \frac{c_i}{300} \times 100$$

式中　m_i——酒中组分 i 的含量，g/100mL；

　　　c_i——浓缩样中的组分 i 的含量，由标准曲线查得；

　　　300——取酒样的体积，mL。

第三节　石油产品分析

一、石油产品分析概述

1. 石油

石油是一种黏稠状的可燃性液体矿物油，颜色多为黑色、褐色或绿色，少数为黄色。地下开采出来的未经加工的石油叫原油。

(1) 石油的元素组成　世界上各国油田所产原油的性质虽然千差万别，但它们的元素组成基本一致。即主要由 C、H 两种元素组成，其中 C 含量为 83.0%～87.0%，H 含量为 10.0%～14.0%；根据产地不同还含有少量的 O、N、S 和微量的 Cl、I、P、As、Si、Na、K、Ca、Mg、Fe、Ni、V 等元素。它们均以化合物形式存在于石油中。

(2) 石油的化合物组成

①烃类化合物。烃类化合物（即碳氢化合物）是石油的主要成分。石油中的烃类数目庞大，至今尚无法完全确定。但通过大量研究发现，烷烃、环烷烃和芳香烃是构成石油烃类的主要成分，它们在石油中的分布变化较大。例如，含烷烃较多的原油称为石蜡基原油，含环烷烃较多的原油称为环烷基原油，而介于二者之间的称为中间基原油。烃的衍生物即非烃类有机物，这类化合物的分子中除含有 C、H 元素外，还含有 O、N、S 等元素，这些元素含量虽然很少（1%～5%），但它们形成化合物的量却很大，一般占石油总量的 10%～15%，极少数原油中非烃类有机物含量甚至高达 60%。

②无机物。除烃类及其衍生物外，石油中还含有少量无机物，主要是水，Na、Ca、Mg 的氯化物，硫酸盐和碳酸盐以及少量泥污等。它们分别呈溶解、悬浮状态或以油包水型乳化液分散于石油中。

2. 石油产品

石油产品是以石油或石油某一部分作原料，经过物理的、物理化学的或化学的方法生产出来的各种商品的总称。

我国石油产品分类的主要依据是 GB/T 498—2014《石油产品及润滑剂 分类方法和类别的确定》。该标准按主要用途和特性将石油产品划分为五类，即燃料（F），溶剂和化工原料（S），润滑剂、工业润滑油和有关产品（L），蜡（W），沥青（B）。其类别名称代号是按反映各类产品主要特征的英文名称的第一个字母确定的（表 7-2）。

表 7-2　按主要用途和特性划分的石油产品类别（GB/T 498—2014）

类别	含义
fuels	燃料
solvents and raw materials for the chemical industry	溶剂和化工原料
lubricants, industrial oils and related products	润滑剂、工业润滑油和有关产品
waxes	蜡
bitumen	沥青

石油产品分类标准采用统一命名格式，产品整体名称以编码形式表示。其一般形式为：类-品种-数字。

类别：石油产品和有关产品的类别，用一个字母表示，该字母和其他符号用半字线相隔。

品种：由一组英文字母（1~4个）组成，其首字表示组别，后面所跟的字母单独存在时可有或无含义，但都将给予定义。在有关组或品种的详细分类标准中都有明确规定。

数字：位于产品名称最后，其含义规定在有关标准中。

六大类石油产品中，各类产品还包含了不同的石油产品，按国家标准规定又分为不同的组，可参考 GB/T 7631.1—2008 等标准。

（1）燃料 燃料按馏分组成分为液化石油气、航空汽油、汽油、喷气燃料、煤油、柴油、重油、渣油和特种燃料9组。其主要成分为烃类化合物及少量非烃类有机物和添加剂等。

（2）溶剂和化工原料 溶剂和化工原料一般是石油中低沸点馏分，即直馏馏分、重整抽余油及其他加工制得的产品，一般不含添加剂，主要用途是作为溶剂或化工原料生产化工产品。

（3）润滑剂、工业润滑油和有关产品 目前，我国润滑剂、工业润滑油和有关产品（L）按应用场合划分为18类（表7-3）。

表7-3 润滑剂、工业润滑油和有关产品（L）的分类（GB/T 7631.1—2008）

组别	应用场合	组别	应用场合
A	全损耗系统	P	气动工具
B	脱模	Q	热传导液
C	齿轮	R	暂时保护防腐蚀
D	压缩机(包括冷冻机和真空泵)	T	汽轮机
E	内燃机油	U	热处理
F	主轴、轴承和离合器油	X	用润滑脂的场合
G	导轨	Y	其他应用场合
H	液压系统	Z	蒸汽气缸
M	金属加工		
N	电器绝缘		

（4）蜡 蜡广泛存在于自然界中，在常温下大多为固体，按其来源可分为动物蜡、植物蜡和矿物蜡。

石油蜡包括液蜡、石油脂、石蜡和微晶蜡，它们是具有广泛用途的一类石油产品。液蜡一般是指 $C_9 \sim C_{19}$ 的正构烷烃，在室温下呈液态。石油脂又称凡士林，通常是以残渣润滑油料脱蜡所得的蜡膏为原料，按照不同的稠度要求掺入不同量的润滑油，并经过精制后制成的一系列产品。石蜡又称晶形蜡，它是从减压馏分中经精制、脱蜡和脱油而得到的固态烃类，其烃类分子的碳原子数为 $18 \sim 36$，平均分子量为 $300 \sim 500$。微晶蜡是从石油减压渣油中脱出的蜡，经脱油和精制而得，它的碳原子数为 $36 \sim 60$，平均分子量为 $500 \sim 800$。

（5）沥青　沥青是以减压渣油为主要原料制成的一类石油产品，它是黑色固态或半固态黏稠状物质。沥青主要用于道路铺设和建筑工程，也广泛用于水利工程、管道防腐、电器绝缘和油漆涂料等方面。

3. 石油产品分析的目的和任务

（1）石油产品分析的目的　石油产品分析的目的是通过一系列的分析实验，为石油从原油到石油产品的生产过程和产品质量进行有效控制和检验。它是石油产品生产加工的"眼睛"，对评定产品质量、控制石油炼制过程以及为检查工艺条件、控制产品质量和使用性能，直至为确定合理的原油加工方案等提供有效的科学依据。

（2）石油产品分析的任务

① 为制定加工方案提供基础数据。对原油和原材料进行分析检验，为制定生产方案提供可靠的数据。

② 为控制工艺条件提供数据。对生产过程进行控制分析，系统地检验中间产品的质量，从而对各生产工序及操作进行及时调整，以保证产品质量和安全生产。

③ 检测石油产品质量。对石油产品进行质量检验，确保进入商品市场的石油产品的质量。

④ 对油品使用性能进行评定。对超期贮存、失去标签或发生混串油品的使用性能进行评定。

⑤ 对石油产品质量进行仲裁。当生产和使用部门对石油产品质量发生争议时，做出仲裁，以保证供需双方的合法利益。

（3）石油产品分析的标准　石油产品分析标准包括两个方面，其一是石油产品的质量标准，其二是石油产品分析的方法标准。

石油产品质量标准是为以石油及其产品的技术要求和使用要求为主的主要指标制定的标准，包括产品分类、分组、命名、代号、品种（牌号）、规格、技术要求、检验方法、检验规则、产品包装、产品识别、运输、贮存、交货和验收等内容。石油产品分析的方法标准是在条件性实验的前提下选定的测试方法标准，包括适用范围、方法概要、使用仪器、材料、试剂、测定条件、实验步骤、结果计算、精密度等技术规定。鉴于石油产品分析的特殊性，一切石油及其产品都必须按制定的质量标准和使用性能的实验标准来检定，这是石油产品分析与其他分析的不同之处。实验方法的标准化，为我们解决了评定石油产品质量可能产生的争论或误会，一切以标准说话，一切以标准作为依据。

4. 石油产品试样及其采集

（1）石油产品试样　石油产品试样是指为给定实验方法提供所需要产品的代表性部分。石油产品试样分为以下几种。

① 液体石油产品试样，如原油、汽油、柴油、煤油、润滑油等。

② 膏状石油产品试样，有润滑脂、凡士林等。

③ 固体石油产品试样。

a. 可熔性石油产品，有蜡、沥青等。

b. 不熔性石油产品，有石油焦、硫黄块等。

c. 粉末状石油产品，有焦粉、硫黄粉等。

④ 气体石油产品试样，有液化石油气、天然气等。

（2）石油产品试样的采集

① 常用术语。

a. 用以测定平均性质的试样。

上部样。在石油或液体石油产品的顶液面下深度的1/6处所采取的试样。

中部样。在石油或液体石油产品的顶液面下深度的1/2处所采取的试样。

下部样。在石油或液体石油产品的顶液面下深度的5/6处所采取的试样。

代表性试样。从油罐或其他容器中，或者是通过管线交付的一批石油或液体石油产品中所采取的试样，使用标准实验方法测定其特性，在实验室的重复性范围内，所采取试样的物理、物理化学特性与被取样油品的体积、平均特性相同。

组合样。按等比例合并若干个点样所获得的代表整个油品的试样。组合样常见的类型是由按下述任何一种情况合并试样而得到的：

Ⅰ. 按等比例合并上部样、中部样和下部样；

Ⅱ. 按等比例合并上部样、中部样和出口液面样；

Ⅲ. 对于非均匀油品，在多于3个液面上采取一系列点样，按其所代表的油品数量的比例掺和而成；

Ⅳ. 从几个油罐或油船的几个油舱中采取单个试样，以每个试样所代表的总数量成比例地掺和而成；

Ⅴ. 在规定的时间间隔从管道内流动的油品中采取一系列相等体积的点样。

间歇样。由在泵送操作的整个期间内所取得的一系列试样合并而成的管线样。

b. 用以测定某一点性质的试样。

点样。从油罐中规定位置采取的试样,或者在泵送期间按规定的时间从管线中采取的试样,它只代表石油或液体石油产品本身的这段时间或局部的性质。

顶部样。在石油或液体石油产品的顶液面下 150mm 处所采取的点样。

底部样。从油罐底部或者从管线中的最低点处的石油或液体石油产品中采取的点样。

排放样。从排放活塞或排放阀门采取的试样。

出口液面样。从油罐内抽出的石油或液体石油产品的最低液面处取得的点样。

罐侧样。从适当的罐侧取样处采取的点样。

表面样。从罐内顶液面处采取的点样。

c. 试样容器。用于贮存和运送试样的容器。

d. 试样收集器。通常是一个连接到取样连接管或管线取样器的容器,用于收集试样。卸开时,可以作为一个试样容器使用。

e. 取样装置。可携带的或固定的用于采取试样的设备。

f. 等流样。在石油或液体石油产品通过取样口的线速度与管线中的线速度相等,并与管线中整个流体流向取样器的方向一致时,从管线取样器采取的试样。

g. 流量比例样。输送石油或液体石油产品期间,在其通过取样器的流速与管线中的流速成比例下的任一瞬间从管线中采取的试样。

h. 时间比例样。输送石油或液体石油产品期间,定期从管线中采取的多个相等点样合并而成的试样。

②采样工具。石油产品种类很多,按照样品类别的不同,应使用不同的采样工具正确地采集石油产品试样。

a. 液态石油产品采样工具。

液体取样器(图 7-1)及带测深锤的金属卷尺,适用于在油罐、油槽车、油船中采取组合试样或点试样。其中取样器是一个底部加重(一般是灌铅)并设有开启盖的金属容器,或是一个安装在加重金属框内的玻璃瓶,瓶口用系有绳索的瓶塞塞紧(图 7-2)。

底部取样器(图 7-3)是一种能够采取距油罐底部 3~5cm 处试样的取样器。

沉淀物取样器(图 7-4)是用以采取液态石油产品中残渣或沉淀物的取样器。这种取样器是一个带有抓取装置的坚固的黄铜盒,其底是两个由弹簧关闭的夹片组,取样器机构由吊缆放松。

第七章 工业实用领域分析

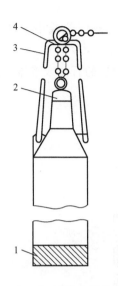

图 7-1 液体取样器
1—外部铅；2—锥形帽；
3—锥钢丝手柄；4—提取链

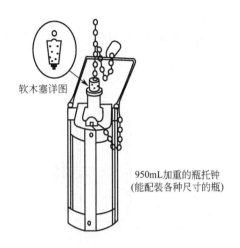

软木塞详图

950mL加重的瓶托钟
(能配装各种尺寸的瓶)

图 7-2 取样器

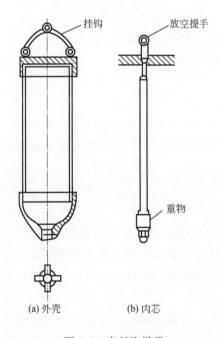

挂钩　　　　放空提手

重物

(a) 外壳　　(b) 内芯

图 7-3 底部取样器

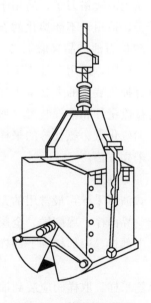

图 7-4 沉淀物取样器

直径为 10~15mm 的长玻璃、金属或塑料制成的管子，适用于小容器（如桶、听、瓶子或公路罐车）中液体石油产品的采样。

500~1000mL 的小口试剂瓶，适用于装有旁通阀门管线中石油或液体石油产品的采样。

管道取样装置（图 7-5），适用于输油管线中输送的石油或液体石油产品的采样。

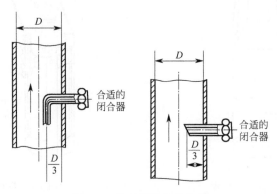

图 7-5　典型管道取样装置

b. 固体及半固体石油产品采样工具。

螺旋形钻孔器或活塞式穿孔器，适用于膏状或粉状石油产品的采样。

不锈钢或镀铬刀子，适用于可熔性固体石油产品的采样。

铲子，适用于不能熔化的石油产品，如石油焦等的采样。

c. 气体石油产品采取工具。

橡皮球胆，适用于处于正压状态、无腐蚀性气体的采样。

带有抽气装置的大容量集气瓶，适用于处于常压或负压下气体的采样。

连接流量计和抽气装置并盛有吸收液的吸收瓶，适用于可被吸收液吸收的气体，如硫化氢、氨气等的采样。

③采样方法。

a. 油罐采样。

立式油罐采样：最常用的是组合样。立式油罐的采样分为点样、组合样、底部样、界面样、罐侧样、全层样、例行样等。油品检验中通常使用下述试样之一：上部样、中部样和下部样；上部样、中部样和出口液面样；例行样；全层样。

罐侧采样：取样阀应装到油罐的侧壁上，与其连接的取样管至少伸进罐内 150mm，下部取样管应安装在出口管的底液面上。如果罐内油品液面低于上部取样管时，油罐取样如下：油液面靠近上部取样管时，从中部取样管采取 2/3 样品，从下部取样管采取 1/3 样品；油品液面靠近中部取样管时，从中部取样管采取 1/2 样品，从下部取样管采取 1/2 样品；油品液面低于中部取样管时,从下部取样管采取全部样品。

卧式油罐采样:在油罐容积不大于 $60m^3$ 或油罐容积大于 $60m^3$,而油品深度不超过 2m 时,可在油品深度的 1/2 处采取一份试样,作为代表性试样;如果油罐容积大于 $60m^3$,且油品深度超过 2m 时,应在油品深度的 1/6、1/2 和 5/6 液面处各采取一份试样,混合后作为代表性试样。

底部采样:降落底部取样器,将其直立地停在油罐底上。提出取样器之后,如果需要将其内含物转移至样品容器时,要注意正确地转移全部样品,其中包括会黏附到取样器内壁上的水和固体等。

b. 油罐车采样。

在油罐车内进行采样时,应把取样器降到罐内油品深度的 $\frac{1}{2}$ 处。以急速动作拉动绳子,打开取样器的塞子,待取样器内充满油后,提出取样器。对于整列装有相同石油或液体石油产品的油罐车,应按表 7-4、表 7-5 所示的取样车数进行随机取样,但必须包括首车。

表 7-4 盛装石油产品的油罐车、小容器、油船船舱的最小取样数

盛油的容器数	取样的容器数	盛油的容器数	取样的容器数
1~3	全部	217~343	7
4~64	4	344~512	8
65~125	5	513~729	9
126~216	6	730~1000	10

表 7-5 盛装原油的油罐车、油船船舱的最小取样数

盛油的容器数	取样的容器数
1~2	全部
3~6	2
7 以上	3

c. 桶或听采样。

取样前,将桶口或听口向上放置。如果需要测定水或其他不溶污染物时,让桶或听保持在此位置足够长的时间,以使污染物沉淀下来。打开盖子,放在桶口或听口旁边,粘油的一面朝上。用拇指封闭清洁干燥的取样管的上端,把管子插进油品中约 300mm 深,移开拇指,让油品进入取样管。再用拇指封闭上端,抽出取样器。水平持管,润洗内表面。要避免触摸管子已浸入油品中的部分,舍弃并排净管内的冲洗油品。

取样时,用拇指封闭住已洗净的取样管上端,将管子插进油品中(若取全程样时,要敞开管子上端),当管子达到底部时,移开拇指,让管子进满油,再用拇指封闭顶端,迅速提出管子,把油品转入试样容器中,然后封闭试样容

器，放回桶盖，拧紧。

（3）采样注意事项

采取石油产品试样的注意事项在实验标准中都有具体的规定，只有熟知这些规定并正确着装的人员才能进行采样操作。根据石油产品的状态不同，采样时还应特别注意以下几点。

① 采取液体石油产品。

a. 采样器材质。采样器不能与试样发生反应；采取低闪点的试样时，不允许使用铁制采样器。同时，采样器应分类使用和存放。

b. 高温及挥发性试样。采取高温试样时，应做好防烫伤的准备工作；采取挥发性试样时，应站在上风口，避免中毒。

c. 易燃易爆试样。采取含有可燃烃蒸气或低闪点的试样时，应做好防静电准备工作。

d. 防止带水。如罐底有水垫，需了解水层高度，以避免采底部样时带水。

e. 试样高度。所采试样不宜装满容器，应留出至少10%的无油空间。

② 采取固体石油产品。

a. 采样用具。采样用具、样品瓶等必须清洁干净，应用被取的产品冲洗至少一次，以避免沾污试样。

b. 试样的代表性。采取的试样必须有代表性，并按规定采够数量。采取的试样需混匀后才能进行试样的制备。

c. 试样容器应贴上标签。标签应是永久性的，并应在专用的记录本上做取样的详细记录。

③ 采取气体石油产品。

a. 应仔细检查，防止容器或管线内气体外泄。

b. 防止产生火花引燃致爆，灯和手电筒应是防爆型的。

c. 在敞口容器或塔体内采样应防止中毒或窒息，并应两人结伴进行。

二、柴油产品的分析

1. 实验原理和目的

油品的黏度是评价油品流动性能的指标，在油品输送和使用过程中，黏度对流量和压力降影响很大，是石油化工设计中必不可少的物理参数。油品的黏度与其化学组成密切相关，它反映了油品的烃类组成特性，是柴油、喷气燃料和润滑油的重要质量指标。

本方法适用于测定液体石油产品的运动黏度（指牛顿液体）和计算动力黏

度。在国际单位（SI）中，运动黏度单位为 $m^2 \cdot s^{-1}$，实际使用中以 $mm^2 \cdot s^{-1}$ 为基本单位，在温度 t（℃）时的运动黏度用符号 v 表示。在温度 t（℃）时石油的动力黏度为 t（℃）时运动黏度与 t（℃）时密度之乘积，单位为 $mPa \cdot s$，用计算得到，其符号为 μ_t。

本方法是在恒定的温度下，测定一定体积的液体在重力下流过一个经标定的玻璃毛细管黏度计的时间（s），黏度计的毛细管常数与流动时间的乘积即为该温度下被测液体的运动黏度。

2. 实验的主要仪器设备和试剂

（1）仪器

①毛细管黏度计（图 7-6），应符合 SH/T 0173—1992《玻璃毛细管黏度计技术条件》，毛细管内径分别为 0.4mm、0.6mm、0.8mm、1.0mm、1.2mm、1.5mm、2.0mm、2.5mm、3.0mm、3.5mm、4.0mm、5.0mm、6.0mm。

每支黏度计必须按 JJG155—2016《工作毛细管黏度计检定规程》进行检定，并确定常数。

测定试样的运动黏度时，应根据试样的温度选用适当的黏度计，务必使试样的流动时间不少于 200s，内径为 0.4mm 黏度计，流动时间不少于 350s。

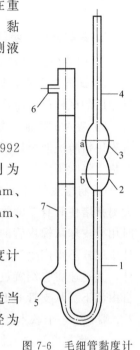

图 7-6 毛细管黏度计
1—毛细管；
2，3，5—扩张部分；
4，7—管身；6—支管

②恒温浴：带有透明壁或装有观察孔的恒温浴，其高度不小于 180mm，容积不小于 2L，并附有自动搅拌装置和自动控温系统（精确到±0.1℃）。

根据测定的条件，在恒温浴中注入表 7-6 中列举的任一液体。

③玻璃水银温度计，分度为 0.1℃。测定－30℃以下温度的黏度时，可以使用同样分度的玻璃合金温度计或其他玻璃液体温度计。

④秒表，分度为 0.1s。这个秒表专供测定黏度使用，不应移作他用。

用来测定运动黏度的秒表、毛细管黏度计、温度计，都必须定期进行检定。

表 7-6 不同温度恒温浴所使用的液体

测定温度/℃	恒温浴液体
50～100	透明矿物油、甘油、25%硝酸铵水溶液（其表面浮有一层透明矿物油）
20～50	水
0～20	水与冰或乙醇与干冰的混合物
0～50	乙醇与干冰的混合物或无铅汽油

(2) 试剂

① 洗涤用轻汽油或 NY120 溶剂油。

② 铬酸洗液。

③ 石油醚，沸点 60～90℃，化学纯。

④ 95％乙醇，化学纯。

3. 实验方法、步骤及结果测试

① 调节恒温浴温度，使达到测定温度。

② 试样如含水，试验前必须先脱水，并用滤纸过滤，除去机械杂质。将过滤后的试样放入小烧杯中。

③ 装入试样前，黏度计必须用轻汽油或石油醚洗涤干净，如沾有污垢，可先用铬酸洗液再用蒸馏水等仔细洗净，然后放入烘箱烘干，或用经棉花滤过的热空气吹干。

④ 将橡皮管套在选好的黏度计（图 7-6）支管 6 上，将黏度计倒置，并用大拇指堵住管身 7 的管口，然后将管身 4 的一端插入小烧杯所盛的试样中，此时用橡皮球从橡皮管的一端将试样吸入黏度计中到达标线 b 处，同时注意黏度计中试样不得产生气泡和裂隙。当液面正好到达标线 b 时，从烧杯中提起黏度计，并迅速将它倒置过来，恢复正常位置，将管身外壁所沾试样拭去，让试样自由流下。从支管 6 上取下橡皮管套在管身 4 上，以备试验时吸油用。在管身 7 上端套上一个软木塞，以便用夹子夹住软木塞，将黏度计固定在恒温浴中。

⑤ 将黏度计浸入恒温浴中，使黏度计扩张部分 3 浸入一半，并用夹子将黏度计固定在支架上。将黏度计毛细管调整成垂直位置，须用铅垂线从两个交叉的方向检查毛细管 1 的垂直位置。

⑥ 恒温浴中温度计的水银球必须与黏度计的毛细管 1 中点处于同一水平面。为了使温度指示准确，最好使用全浸式温度计，并使水银线只有 10mm 露在恒温浴液面之上。

使用全浸式温度计时，如果它的测温刻度露出恒温浴的液面高于 10mm，应按照下式计算温度计液柱露出部分的补正数 Δt，才能准确地测量出液体的温度：

$$\Delta t = Kh(t_1 - t_2)$$

式中 K——常数，水银温度计采用 $K=0.00016$，酒精温度计采用 $K=0.001$；

h——露在浴面上的水银柱或酒精柱高度，用温度计的读数表示；

t_1——测定黏度时的规定温度，℃；

t_2——接近温度计液柱露出部分的空气温度，℃。

试验时取 t_1 减去 Δt 作为温度计上的温度读数。

⑦ 将恒温浴调节到规定的温度，试验温度必须保持恒定到±0.1℃。

装好油的黏度计在规定温度的恒温浴内经过如表 7-7 所规定的预热时间，才可以开始测定。

表 7-7　黏度计在恒温浴中的恒温时间

试验温度/℃	恒温时间/min
100	20
40、50	15
20	10
0～50	15

⑧ 用橡皮球通过管身所套着的橡皮管将试样吸入扩张部分 2，使油面稍高于标线 a，但不得高出恒温浴的液面，并且注意不要让毛细管和扩张部分 2 中的液体产生气泡或裂隙。让试样自动流下，当液面正好达到标线 a 时开动秒表，当液面下降到标线 b 时停止秒表。记录试样流经的时间。

在测定中，恒温浴的温度要保持不变，记录测定时间的温度，准确到 0.1℃，并注意自由流下的试样中不应有气泡。

⑨ 每个试样至少重复测定 4 次，各次流动时间与其算术平均值的差数应符合如下要求：在 15～100℃测定黏度时，这个差数不应超过算术平均值的±0.5%；在−30～15℃测定黏度时，这个差数不应超过算术平均值的±1.5%；在低于−30℃测定黏度时，这个差数不应超过算术平均值的±2.5%。

然后，取不少于 3 次的流动时间计算算术平均值，作为试样的平均流动时间。

第四节　涂料产品分析

一、涂料的分类及其标准

涂料品种繁杂，多年来根据习惯形成了各种不同的涂料分类方法，现代通行的涂料的分类方法有以下几种。

(1) 按涂料的形态分类　按涂料的形态可分为：固态的涂料，即粉末涂料；液态的涂料，包括有溶剂和无溶剂两类。有溶剂的涂料又可分为溶剂型涂料（即溶剂溶解型，也称溶液型涂料，包括常规和高固体分型两类）、溶剂分散型涂料和水性涂料（包括水稀释型、水乳胶型和水溶胶型）。无溶剂的涂料包括通称的无溶剂涂料和增塑剂分散型涂料。

（2）按涂料的成膜机理分类　按涂料的成膜机理可分为：非转化型涂料，包括挥发型涂料、热熔型涂料、水乳胶型涂料、塑性溶胶；转化型涂料，包括氧化聚合型涂料、热固化涂料、化学交联型涂料、辐射能固化型涂料。

（3）按涂料施工方法分类　按涂料施工方法可分为：刷涂涂料、辊涂涂料、喷涂涂料、浸涂涂料、淋涂涂料、电泳涂料（包括阳极电泳漆、阴极电泳漆）。

（4）按涂膜干燥方式分类　按涂膜干燥方式可分为：常温干燥涂料（自干燥）、加热干燥涂料（烘漆）、湿固化涂料、蒸气固化涂料、辐射固化涂料（光固化涂料和电子束固化涂料）。

（5）按涂料使用层次分类　按涂料使用层次可分为：底漆（包括封闭漆）、腻子、二道底漆、面漆（包括调和漆、磁漆、罩光漆等）。

（6）按涂膜外观分类　按照涂膜的透明状况，清澈透明且不含着色物质的称为清漆，透明带有颜色的称为透明漆，不透底的通称为色漆。

按照涂膜的光泽状况，分别命名为有光漆、半光漆和无光漆。

按照涂膜表面外观，有皱纹漆、锤纹漆、橘形漆、浮雕漆等不同命名。

（7）按涂料使用对象分类　按使用对象的材质分类，如钢铁用涂料、轻金属涂料、纸张涂料、皮革涂料、塑料表面涂料、混凝土涂料等。

按使用对象的具体物件分类，如汽车涂料、船舶涂料、飞机涂料、家用电器涂料，以及铅笔漆、锅炉漆、窗纱漆、罐头漆、交通标志漆等。

（8）按涂膜性能分类　按涂膜性能分类，如绝缘漆、导电漆、防锈漆、耐高温漆、防腐蚀漆、可剥漆等以及现在积极开发的各种功能涂料。

（9）按涂料的成膜物质分类　以涂料所用成膜物质的种类为分类的依据，如酚醛树脂漆、醇酸树脂漆等。

以上列举的各种分类方法各具特点，但都是从某一角度来考虑，不能把涂料的所有产品特点都包括进去。目前，世界上还没有统一的分类方法。

《涂料产品分类和命名》GB/T 2705—2003规定了我国涂料产品分类和命名，采用以涂料中主要成膜物质为基础的分类方法，将成膜物质分为16类，同时也规定了涂料的命名原则，涂料全名一般是由颜色或颜料名称加上成膜物质名称，再加上基本名称（特性或专业用途）而组成。对于不含颜料的清漆，其全名一般是由成膜物质名称加上基本名称而组成。

二、涂料产品的取样

涂料产品的检验取样极为重要，试验结果要具有代表性，其结果的可靠程度与取样的正确与否有一定的关系。国家标准《色漆、清漆和色漆与清漆用原材料取样》GB/T 3186—2006 规定了具体的抽样方法,取样后由检验部门进行试验。一般有如下要求:

① 使用部门有权按产品标准,对产品质量进行检验,当发现产品质量不符合标准规定时,双方共同复检或向上一级检测中心申请仲裁,如仍不符合有关规定,则使用部门有权退货。

② 从每批产品中随机取样,取样数为同一生产厂家的总包装桶数的 3%(批量不足 100 桶者,不得少于 3 桶;批量不足 4 桶者,不得少于 30%)。

③ 取样时,将桶盖打开,对桶内液体状涂料产品进行目测观察,记录表面状态,如是否有结皮、沉淀、胶凝、分层等现象。

④ 将桶内涂料充分搅拌均匀,每桶取样不得少于 0.5kg。将所取的试样分成两份,一份(约 0.4kg)密封贮存备查,另一份(其数量应是能进行规定的全部试验项目的检验量)立即进行检验。若检验结果不符合标准的规定,则整批产品认为不合格。

⑤ 取样时所用的工具、器皿等,均应洁净,有条件时选用专用的 QYG 系列取样管,用后清洗干净。样品不要装满容器,要留有 5% 的空隙,盖严。样品一般可放置在清洁干燥、密封性好的金属小罐或磨口玻璃瓶内,贴上标签,注明取样日期等有关细节,并存放在阴凉干燥的场所。

⑥ 对生产线取样,应以适当的时间间隔,从放料口取相同量的样品再混合。搅拌均匀后,取两份各为 0.2~0.4kg 的样品放入样品容器内,盖严并做好标志。

1. 产品类型

涂料产品可分为如下类型。

A 型:单一均匀液相的流体,如清漆和稀释剂。

B 型:两个液相组成的流体,如乳液。

C 型:一个或两个液相与一个或多个固相一起组成的流体,如色漆和乳胶漆。

D 型:黏稠状,由一个或多个固相带有少量液相所组成,如腻子、厚浆涂料和用油或清漆调制颜料色浆,也包括黏稠的树脂状物质。

E 型:粉末状,如粉末涂料。

2. 盛样容器和取样器械

(1) 盛样容器　应采用下列适当大小的洁净的广口容器:

① 内部不涂漆的金属罐;

② 棕色或透明的可密封玻璃瓶；

③ 纸袋或塑料袋。

(2) 取样器械　取样器械应使用不和样品发生化学反应的材料制成，并应便于使用和清洗（应无深凹的沟槽、尖锐的内角、难于清洗和难于检查其清洁程度的部位）。取样器械应分别具有能使产品尽可能混合均匀、取出确有代表性的样品两种功能。

取样器械中，搅拌器可使用机械搅拌器及不锈钢或木制搅棒；取样器可使用 QYOI 型取样管、QYG-D 型取样管、QYG-DI 型取样管、QYG-1V 型取样管、QYQ-I 型贮槽取样器等，效果类似的取样器也可采用。

3. 取样数目

产品交货时，应记录产品的桶数，按随机取样方法，对同一生产厂生产的相同包装的产品进行取样，取样数应不低于 $\sqrt{\dfrac{n}{2}}$（n 是交货产品的桶数），取样数建议采用表 7-8 中的数字。

表 7-8　取样数

交货产品的桶数	取样数	交货产品的桶数	取样数
2～10	2	71～90	7
11～20	3	91～125	8
21～35	4	126～160	9
36～50	5	161～200	10
51～70	6		

注：此后每增加 50 桶取样数增加 1。

4. 待取样产品的初检程序

(1) 桶的外观检查　记录桶的外观缺陷或可见的损漏，如损漏严重，应予舍弃。

(2) 桶的开启　除去桶外包装及污物，小心地打开桶盖，不要搅动桶内产品。

(3) A、B 型流体状产品的初检程序

① 目测检查。

a. 结皮。记录表面是否结皮及结皮的程度，如软、硬、厚、薄，如有结皮，则沿容器内壁除去，记录除去结皮的难易。

b. 稠度。记录产品是否有触变或胶凝现象。

c. 分层、杂质及沉淀物。检查样品的分层情况，有无可见杂质和沉淀物，并予记录。

② 混合均匀充分搅拌，使产品达到均匀一致。

(4) C、D 型流体状产品及黏稠产品的初检程序

① 目测检查。

a. 结皮。记录表面是否结皮及结皮的程度，如硬、软、厚、薄，如有结皮，则沿容器内壁分离除去，记录除去结皮的难易。

b. 稠度。记录产品是否假稠、触变或胶凝。

c. 分层、沉淀及外来异物。检查样品有无分层、外来异物和沉淀，并予记录。沉淀程度分为：软、硬、干硬。

② 混合均匀。

a. 胶凝或有干硬沉淀不能均匀混合的产品，则不能用来试验。

b. 为减少溶剂损失，操作应尽快进行。

c. 除去结皮。如结皮已分散不能除尽，则应过筛除去结皮。

d. 有沉淀的产品。有沉淀的产品，可采用搅拌器械使样品充分混匀。有硬沉淀的产品也可使用搅拌器。在无搅拌器或沉淀无法搅起的情况下，可将桶内流动介质倒入一个干净的容器里。用刮铲从容器底部铲起沉淀，研碎后，再把流动介质分几次倒回原先的桶中，充分混合。如按此法操作仍不能混合均匀，则说明沉淀已干硬，不能用来试验。

(5) E 型粉末状产品的初检程序　检查是否有反常的颜色、大或硬的结块和外来异物等不正常现象，并予记录。

(6) 初检报告　报告应包括如下内容：标志所列的各项内容；外观；结皮及除去的方式；沉淀情况和混合或再混合程序；其他。

5. 取样

(1) 贮槽或槽车的取样　对于 A、B、C、D 型产品，搅拌均匀后，选择适宜的取样器，从容器上部（距液面 1/10 处）、中部（距液面 5/10 处）、下部（距液面 9/10 处）三个不同水平部位取相同量的样品，进行再混合。搅拌均匀后，取两份各为 0.2～0.4L 的样品分别装入样品容器中，样品容器应留有约 5% 的空隙，盖严，并将样品容器外部擦洗干净，立即做好标志。

(2) 生产线取样　应以适当的时间间隔，从放料口取相同量的样品进行再混合。搅拌均匀后，取两份各为 0.20～0.4L 的样品分别装入样品容器中，样品容器应留有约 5% 的空隙，盖严，并将样品容器外部擦洗干净，立即做好标志。

(3) 桶（罐和袋等）的取样　按标准规定的取样数，选择适宜的取样器，从已初检过的桶内不同部位取相同量的样品，混合均匀后，取两份样品，各为

0.2~0.4L分别装入样品容器中，样品容器应留有约5%的空隙，盖严，并将样品容器外部擦洗干净，立即做好标志。

（4）粉末产品的取样　按标准规定的取样数，选择适宜的取样器，取出相同量的样品，用四分法取出试验所需最低量的四倍。分别装于两个样品容器内，盖严，立即做好标志。

样品的标志应贴在样品容器的颈部或本体上，应贴牢，并能耐潮湿及样品中的溶剂。标志应包括如下内容：制造厂名；样品的名称、品种和型号；批号、贮槽号、桶号等；生产日期和取样日期；交货产品的总数；取样地点和取样者。取出的样品应按生产厂规定的条件贮存和使用。样品取出后，应尽快检查。

三、涂料成分分析

1. 涂料及胶黏剂中游离甲醛的检测

（1）涂料中的甲醛及测定意义　甲醛是一种挥发性有机化合物，无色、具有强烈刺激性气味。甲醛是生产脲醛树脂、三聚氰胺甲醛树脂、酚醛树脂等树脂的重要原料，这些树脂用作涂料和胶黏剂中的基料，因此，凡是大量使用涂料的环节，都可能会有甲醛释放。甲醛是一种有毒物质，因此我们必须对涂料中游离甲醛含量加以严格控制，并对在涂料使用过程中释放出来的游离甲醛进行严格监控。

我国相关国家标准及行业标准分别对相应的油漆涂料产品中游离甲醛含量作了限量要求，如《地坪涂装材料》GB/T 22374—2018 中要求地坪涂装材料中游离甲醛的含量为：$<100mg \cdot kg^{-1}$（S型、W型、J型）、$<500mg \cdot kg^{-1}$（R型），《建筑用墙面涂料中有害物质限量》GB 18582—2020 要求各种水性涂料中游离甲醛的含量$\leqslant 50mg \cdot kg^{-1}$ 等。

（2）涂料中甲醛的测定方法　甲醛测定方法很多，如滴定分析法、分光光度法、气相色谱法、电化学分析法等。涂料中游离甲醛浓度较高时多采用滴定分析法，如盐酸羟胺法、碘量法、亚硫酸钠法、亚硫酸氢钠法和氯化铵法等；水性涂料等微量游离甲醛的测定可采用乙酰丙酮分光光度法（GB/T 23993—2009）。

① 亚硫酸氢钠法方法原理：利用过量的亚硫酸氢钠与甲醛反应，生成羟甲基磺酸钠。

$$HCHO + NaHSO_3 \longrightarrow CH_2(OH)SO_3Na$$

剩余的亚硫酸氢钠用碘滴定，并同时做空白试验。用每100g水溶性涂料中所含未反应的甲醛质量（g）表示游离甲醛值。

测定时准确称一定量试样置于碘量瓶中，加入蒸馏水至试样完全溶解后，用移液管准确加入 20mL 新配 1％亚硫酸氢钠溶液，加塞，于暗处静置 2h，加蒸馏水和 1mL 1％淀粉溶液，用碘标准溶液滴定至溶液呈蓝色。另移取一份 20mL 1％亚硫酸氢钠溶液，同时做空白试验。

游离甲醛质量分数 $w(\text{HCHO})$ 按下式计算：

$$w(\text{HCHO})=\frac{0.03003c(V_0-V_1)}{m}\times 100\%$$

式中　V_0——空白试验时消耗碘标准溶液的体积，mL；

　　　V_1——滴定试样时消耗碘标准溶液的体积，mL；

　　　c——碘标准溶液的浓度，mol·L^{-1}；

　　　m——试样的质量，g；

　　　0.03003——与 1.00mL 0.1000mol·L^{-1} 碘标准溶液相当的甲醛的质量，g。

② 乙酰丙酮分光光度法方法原理：采用蒸馏的方法将样品中的甲醛蒸出。在 pH=6 的乙酸-乙酸铵缓冲溶液中，馏分中的甲醛与乙酰丙酮在加热的条件下反应生成稳定的黄色络合物，冷却后在波长 412nm 处进行吸光度测试。根据标准工作曲线，计算试样中甲醛的含量。该方法适用于甲醛含量不小于 5mg·kg^{-1} 的水性涂料及其原料的测试。

于 50mL 具塞刻度管测定时配制一组甲醛标准稀释液，在规定条件下与乙酰丙酮显色，以水作参比，用 10mm 比色皿，在紫外-可见分光光度计上于 412nm 处测定吸光度，以甲醛质量（μg）为横坐标，相应的吸光度 A 为纵坐标绘制标准工作曲线。

一定量的试样在规定条件下加热蒸馏，收集馏分于馏分接收器（与 50mL 具塞刻度管为同一容器）中以水定容，在与甲醛标准稀释液相同的测定条件下显色并测定吸光度，同样条件下测定空白样（水）的吸光度。甲醛含量 c 按下式计算：

$$c=\frac{m}{M}f$$

式中　c——甲醛含量，mg·kg^{-1}；

　　　m——从标准工作曲线上查得的甲醛质量，μg；

　　　M——样品的质量，g；

　　　f——稀释因子。

2. 涂料中 VOC 的检测

(1) 涂料中的 VOC　VOC 是涂料中挥发性有机化合物，包括碳氢化合物、有机卤化物、有机硫化物、羰基化合物、有机酸和有机过氧化物等，就涂料来讲，可把 VOC 定义为一般压力条件下，沸点（或初馏点）低于或等于 250℃且参加气相光化学反应的有机化合物。VOC 呈现出的毒性、刺激性、致癌性以及具有的特殊气味会对人体健康造成较大影响，为此国内外相继制定了一系列法规限制涂料 VOC 含量，2020 年我国颁布了新修订的强制性限量标准《建筑用墙面涂料中有害物质限量》GB 18582—2020 规定内墙涂料中 VOC 限量标准为 $\leqslant 80\text{g} \cdot \text{L}^{-1}$。

(2) 涂料中 VOC 的测定方法　涂料中挥发性有机化合物（VOC）含量的测定，目前采用两种方法：一种方法是直接进样气相色谱法对已知挥发性组分进行分析；另一种方法是先分别测定涂料样品中的总挥发物含量以及水分含量，然后用前者扣除后者，即为涂料中挥发性有机化合物的含量。

① 差值法。将涂料产品中各组分按规定，以正确的质量比或体积比混合，如需稀释则用合适的稀释剂稀释，作为备用样品用于测定。分别测定备用样品中的总挥发物含量、水分含量，然后用合适的公式计算 VOC 含量。此法主要用于 VOC 含量较大的常规溶剂型涂料产品的测定。

其中，总挥发物含量测定采用烘干的方法，将样品烘干前、后的质量差与样品烘干前的质量进行比较，以质量分数表示涂料总挥发物的含量。测定时准确称量于 (105±2)℃的烘箱内干燥并在干燥器内将玻璃、马口铁或铝制的圆盘和玻璃棒冷却至室温，然后在盘内均匀分散地加入试样，把盛玻璃棒和试样的盘一起放入 (105±2)℃的烘箱内，按要求加热 3h 后，将盘、棒移入干燥器内，冷却到室温再准确称出加热后试样质量 m_2。

按下式计算总挥发物的质量分数 $w(\text{V})$：

$$w(\text{V}) = \frac{m_1 - m_2}{m_1} \times 100\%$$

式中　m_1——加热前试样的质量，g；
　　　m_2——加热后试样的质量，g。

以两次测试的算术平均值（精确到一位小数）报告结果。

水分含量测定采用共沸蒸馏法，将产品中的水分与甲苯或二甲苯共同蒸出，利用水分蒸馏测定器收集馏出液于接收管内，读取水分的体积，即可计算产品中的水分。测定时称取适量样品（估计含水 2～5mL），放入 250mL 锥形瓶中，加入新蒸馏的甲苯（或二甲苯）75mL，连接冷凝管与水分接收管，从冷凝管顶端注入甲苯，装满水分接收管。加热慢慢蒸馏，使每秒钟得馏出液两滴，待大部分水分蒸出后，加速蒸馏（约每秒钟 4 滴），当水分全部蒸出后，接收管内的水分体积不再增加时，从冷凝管顶端加入甲苯冲洗。如冷凝管壁附有水滴，可用附有小橡皮头的铜丝擦下，再蒸馏片刻至接收管上部分及冷凝壁无水滴附着为止，读取接收管水层的体积 V。

按下式计算水分的含量 $w(H_2O)$。

$$w(H_2O) = \frac{V}{m} \times \rho \times 100\%$$

式中　V——接收管内水的体积，mL；

　　　ρ——水的密度，$g \cdot mL^{-1}$；

　　　m——样品的质量，g。

② 气相色谱法。将涂料产品中各组分按规定，以正确的质量比或体积比混合，用气相色谱技术分离出备用样品中的有机挥发物和豁免化合物。先对备用样品中的挥发物（包括有机挥发物和豁免化合物）进行定性分析，然后再采用内标法以峰面积的值来定量测定备用样品中各有机挥发化合物和豁免化合物的含量，用合适的方法测定样品中的水含量，并用合适的公式计算涂料产品中的 VOC 含量。此法主要用于 VOC 含量较低的涂料产品。

3. 涂料中重金属含量的检测

涂料中所含重金属来源于涂料生产时加入的各种助剂，如催干剂、防污剂、消光剂、颜料和各种填料中所含杂质。各国对涂层涂料中重金属最高允许量都有极其严格的规定。

由于涂料中重金属含量较低，因此一般采用原子光谱法和分光光度法测定。

（1）样品的预处理　因涂料中绝大部分是有机组分，所以样品测定前必须进行预处理。预处理的方法目前有干法灰化、湿法消解和微波消解等。

干法灰化是在高温条件下，借助空气中氧或其他氧化剂的作用，将样品进行灼烧，使有机物被破坏分解。

湿法消解是使用氧化性酸作为氧化剂，在一定温度下，有机物在氧化剂的作用下，氧化成易挥发的成分而逸散，留下无机成分。

微波消解是涂料样品与酸的混合物在微波加热下快速溶解。

（2）原子吸收法测定总铅的含量　测定时采用一定浓度的稀盐酸溶液处理样品，使铅以离子状态存在于样品溶液中，将试验溶液吸入乙炔-空气火焰中，样品溶液中铅离子被原子化后，基态铅原子吸收来自铅空心阴极灯发出的共振线，其吸光度与样品中铅含量成正比。测定时用火焰原子吸收光谱法测定由铅空心阴极灯发射的谱线波长为 283.3nm 处的吸收。在其他条件不变的情况下，测量被吸收后的谱线强度，与标准系列比较进行定量。

同理，可测定涂料中铬、镉、汞等重金属的含量。

4. 聚氨酯涂料中游离甲苯二异氰酸酯（TDI）的检测

聚氨酯类涂料多是以多异氰酸酯（如二异氰酸酯）与活泼的多羟基化合物或预聚物作为基本原料的，受反应速率、反应时间、配方及反应条件的影响，这些预聚物中不可避免地含有一定量游离的二异氰酸酯。特别是使用甲苯二异氰酸酯时，由于游离的甲苯二异氰酸酯（TDI）是一种毒性很强的吸入性毒物，因此对其含量应严加控制。

目前测定游离异氰酸酯含量的方法有化学分析法、气相色谱法和液相色谱法。我国《色漆和清漆用漆基 异氰酸酯树脂中二异氰酸酯单体的测定》GB/T 18446—2009 采用气相色谱法测定二异氰酸酯单体含量。测定时试样经汽化后通过毛细管色谱柱，使被测的游离甲苯二异氰酸酯与其他组分分离，用氢火焰离子化检测器检测，利用十四烷或蒽作为内标物，采用内标法定量。

参考文献

[1] 白志明. 工业分析实用技术[M]. 北京：化学工业出版社，2014.
[2] 葛淑萍，程治良，全学军，等. 工业分析技术实验[M]. 重庆：重庆大学出版社，2018.
[3] 龚爱琴. 工业分析[M]. 北京：化学工业出版社，2019.
[4] 何晓文，许广胜. 工业分析技术[M]. 北京：化学工业出版社，2012.
[5] 胡北川，刘琦. 工业分析[M]. 武汉：武汉大学出版社，2014.
[6] 李继睿，王织云，石慧. 工业分析技术[M]. 长沙：湖南大学出版社，2016.
[7] 李赞忠，陶柏秋. 工业分析技术[M]. 北京：北京理工大学出版社，2013.
[8] 孟明惠，王英健. 工业分析技术[M]. 北京：化学工业出版社，2016.
[9] 彭银仙. 工业分析[M]. 哈尔滨：哈尔滨工程大学出版社，2014.
[10] 邱德仁. 工业分析化学[M]. 上海：复旦大学出版社，2003.
[11] 盛晓东. 工业分析技术[M]. 北京：化学工业出版社，2002.
[12] 孙国禄. 工业分析[M]. 哈尔滨：哈尔滨工程大学出版社，2009.
[13] 王炳强. 工业分析检测技术[M]. 北京：中央广播电视大学出版社，2014.
[14] 王建梅，王桂芝. 工业分析[M]. 北京：高等教育出版社，2007.
[15] 王亚宇，马金才. 工业分析与检测技术[M]. 北京：化学工业出版社，2013.
[16] 吴良彪，乔南宁，代学玉. 工业分析技术[M]. 北京：化学工业出版社，2018.
[17] 许新兵，任小娜. 工业分析[M]. 天津：天津大学出版社，2010.
[18] 张新娜，王栋. 工业系统分析与技术实践[M]. 北京：中国计量出版社，2010.
[19] 周清，梁红. 工业分析[M]. 北京：中国环境科学出版社，2015.
[20] 李赞忠，白艳红. 工业分析技术项目化的实践与应用[J]. 内蒙古石油化工，2016，(4)：118-120.
[21] 田晓溪，姜军，艾天，等. 工业分析综合设计性实验的研究[J]. 山东化工，2020，49（3）：133-134.
[22] 杨文秀. 煤质工业分析方法的探究[J]. 中国化工贸易，2019，11（27）：92.
[23] 袁洪波. 甲醇的工业分析方法的探讨[J]. 化工管理，2019，(32)：27-28.
[24] 张洪源. 工业分析技术在样品预检环节中的应用[J]. 化工设计通讯，2020，46（1）：138-139.
[25] 郑飞云，钮成拓，刘春凤，等. 酿酒工业分析课程教学改革与实践[J]. 教育教学论坛，2019，(52)：93-95.
[26] http://www.gb688.cn/bzgk/gb/index 国家标准全文公开系统.
[27] 许彦春，闫永江. 制药设备及其运行维护[M]. 北京：中国轻工业出版社，2013.
[28] 喻九阳，徐建民. 压力容器与过程设备[M]. 北京：化学工业出版社，2011.
[29] 张裕中. 食品加工技术装备[M]. 北京：中国轻工业出版社，2007.
[30] 张祖莲. 啤酒生产理化检测技术[M]. 北京：中国轻工业出版社，2012.

[31] 郑津洋，董其伍，桑芝富. 过程设备设计[M]. 北京：化学工业出版社，2010.
[32] 郑裕国，薛亚平. 生物工程设备[M]. 北京：化学工业出版社，2007.
[33] 郑裕国. 生物工程设备[M]. 北京：化学工业出版社，2009.
[34] 周广田. 现代啤酒工艺技术[M]. 北京：化学工业出版社，2007.
[35] 周亮. 啤酒包装技术[M]. 北京：中国轻工业出版社，2013.
[36] 朱明军，梁世中. 生物工程设备[M]. 北京：中国轻工业出版社，2019.
[37] 张元兴，徐学书. 生物反应器工程[M]. 上海：华东理工大学出版社，2001.